新手妈妈也疯狂

妈妈圈 主编

光明日报出版社

U0321997

名人推荐

　　这本书将新手妈妈这份新工作中可能会遇到的所有问题，通过风趣的表达，科学的解读，为新手妈妈们一一呈现！妈咪们切记，一定要在怀孕期间看哦！当然生了娃的妈咪们可将此书当作"新员工手册"使用，实时解决各种突发窘况。

——杨莉（时尚星光传媒《时尚妈咪》TV 制片人）

　　书中众多新手妈妈的紧张和焦虑，在我看来都透着那么一丝熟悉和亲切。想当初，我不也是这样一位"神经病"新手妈妈吗？每天我的脑子里都有无数个疑问等着我去弄明白……种种细枝末节，紧张到"神经质"的状况不胜枚举。但是这种"神经质"的抓狂，又何尝不是浓缩着妈妈对孩子无尽的爱呢？

——殷天亮（天津卫视《宝贝你好》节目制作人）

　　新手妈妈难免手足无措，各种抓狂，我们不必有病乱投医，轻松打开这本书，就会发现自己不再是形单影只，有太多的人和您一起同行，您可以像她们一样得到最专业、最贴心的倾听与辅导。

——刘勇赫（著名亲子教育专家）

　　这是一本很实用、很接地气的育儿手册。书中收集了大量家长在养育宝宝过程中遇到的问题，通过实例以及专家的点评，让爸爸妈妈了解到正确的养育方式。并且有心的小编将这些问题通过星号级别来显示家长的关注度，让爸爸妈妈看起来更方便、更容易。

——吴晴（2011 年首届国际儿童成长教育展"十大早教专家"之一）

　　该书概括了儿童保健领域及儿童早期发展的新信息、新理念、新技能，涉及内容广泛；既讲述了体格发育和心理发展，也涵盖了常见问题和疾病的预防和处理；

形式简洁新颖，采用了通俗易懂的语言介绍儿童保健实用技能和母婴心理发展特征，可操作性较强，也便于读者查阅。

——卢欣（儿童教育专家，美国蒙特梭利全球幼儿教师）

这本书其实是非常贴近新手妈妈们的一些生活场景和育儿经历。新手妈妈是一个特别需要关爱的群体。希望更多的女性朋友在成长为妈妈之前，能更多地关爱自己，多学习、多储备一些育儿知识与技能，使自己在新手妈妈的道路上，能过得更加从容、更加快乐和自如！

——聂巧乐（著名胎教音乐专家）

对于新手妈妈来说，生完孩子只是万里长征的第一步。当你看到一个粉色的小肉球摆在你面前，总感觉到茫然不知所措，多么希望有一本书能帮助自己，《新手妈妈也疯狂》，收集新手妈妈育儿道路上遇到的各种问题，由最专业的医学和心理咨询权威来解答，解决孩子从出生到1岁半过程中的各种困惑，真实、专业、权威，希望妈妈们在这本书中收获更多实用的育儿经验，争做从容淡定的新手妈！

——虎宝甜甜妈（新浪育儿博客百万粉丝博主）

第一次看到这本书的书名的时候，我乐了。有时候想想还真是：新手妈妈们因为缺乏经验，当宝宝出现这样或那样的"异常"问题时，难免会焦虑不已。这本书就好像是一本新妈日记，书中的每一个故事都是新妈们必将经历的心路历程。相信有了它的陪伴，会让您在这段最茫然的带娃日子里过得更从容一些。

——俏妈（国家高级育婴师）

本书都是网友提供的最新鲜真实的内容，是网友的原生态语言，所以不似一般育儿书籍那么枯燥，内容都很真实、很生活化，将一个个新手妈妈手忙脚乱的生活在你面前展开。本书从数以亿计的网友帖子里节选出最有代表性和普遍性的问题，按照婴儿发育时间来设计章节体例，可以放在床头做育儿参考书。

—— 刘颖（妈妈网创始人）

目　　录
CONTENTS

编者序　　是心理上的强大，让妈妈成为人生的斗士 / 12

推荐序　　焦虑是保护的姿态，敏感是母爱的标签 /14

宝贝出生第一周

焦虑从产床开始 / 3

母乳VS配方奶 / 6

关于黄疸的担忧 / 9

让人战战兢兢的脐带 / 12

奶宝奶饱 / 14

裹不裹褓褓，娃妈说了算 / 16

尿布的学问 / 18

一周到半个月

体重，还是体重 / 23

给宝宝洗澡这项工程 / 25

咬牙切齿地喂，费劲巴拉地吸——疼啊 / 27

吐奶，喷奶，呛奶，饶了我脆弱的神经吧 / 29

配方奶喂养的完美消毒程序 / 32

不补维生素会患上佝偻病？ / 34

要抱抱、要爱抚，就会惯出坏毛病？ / 36

PART 3 半个月到一个月

每一次啼哭都牵动着妈妈的心 / 41

必须成为查便便的专家 / 43

心急出奶更少，出奶少更心急 / 45

吃多少，啥时吃，宝宝自己门儿清 / 47

将室内的一切危险消灭在萌芽状态 / 49

百儿百相，有选择性地听取建议 / 52

第一次日光浴 / 55

当妈的慌了，没病也会看出病 / 57

捉急的便秘与攒肚 / 60

宝宝鼻塞，使尽浑身解数来通气 / 62

让人又恨又怕的小疙瘩 / 64

歪头高低枕，斜颈早警醒 / 67

PART 4 宝贝出生第二个月

到点吵夜，昼夜颠倒，就是这么任性 / 73

湿疹把我折磨成了神经质 / 76

被"肥胖儿"吓着了 / 78

来点儿果汁——轻松一刻 / 80

宅妈迈开腿，宝宝乐歪嘴 / 82

剪指甲是门技术活 / 84

脖子不给力，旅行还是缓缓 / 86

亲哪儿别亲嘴，咳嗽喷嚏别对脸 / 88

积痰色变 / 90

哭是你唯一的语言，妈妈却读出了不同意思 / 92

宝贝出生第三个月

这么嗨，不会是多动症吧 / 97

口腔敏感期，让人抓狂地用嘴巴探索世界 / 99

"胖而健"的攀比 / 101

感冒，如临大敌 / 103

动物，请远离 / 105

拒做"光头佬" / 107

宝贝，在上班的路上就开始想你了 / 109

宝贝出生第四个月

拳打脚踢，左顾右盼，给妈妈做特训 / 115

幻想成为辅食大厨的妈妈 / 117

吮手指和不许吮手指的拉锯战 / 119

必须牢记的八字箴言："春捂秋冻、夏浴冬暖" / 121

出眼屎=结膜炎？ / 124

翻滚吧，宝贝 / 126

宝贝出生第五个月

对于"白大褂"的恐惧 / 131

湿热天里对于红屁屁的警惕 / 133

大小便训练越早越好？ / 135

什么都用嘴尝，这是要逼疯妈妈的节奏 / 137

能吃能睡精神足，是胖是瘦没什么大不了 / 139

"肠套叠"——时刻悬在妈妈头上的刀 / 141

PART 8 宝贝出生第六个月

宝宝怕生，让人欢喜让人忧 / 147

宝宝惊梦，妈妈惊心 / 149

医院跑得勤，染病多过看病 / 151

断奶食谱不是圣旨 / 153

拉肚子——妈咪宝贝瘦一圈 / 156

因为咳嗽看医生，妈妈需要的是冷静 / 158

夜啼，喂母乳才是最好的疗法？ / 160

耳垢软和硬的犯愁 / 162

PART 9 宝贝出生第七个月

定时定量喂奶的拘泥 / 167

宝宝有了食物偏好，妈妈又添新忧 / 169

断奶，自然就好 / 171

牙牙出来了，龋齿防起来 / 173

能摔能砸能爬，捞啥吃啥，想省心是奢望 / 175

"发育曲线"导致的认识误区 / 177

抗生素治疗发热，医生安心妈妈焦心 / 179

连续3天体温38℃的惊魂 / 183

趴着睡，仰着睡，宝宝喜欢就好 / 186

PART
10

宝宝出生第八个月

早开口晚开口，这也成了妈妈的心病 / 191
关于消化不良的恐慌 / 193
夜奶不断，就是妈妈不称职？ / 195
便便什么的，求给提示 / 197
向学步车说"不" / 199
抽搐一分钟，妈妈的一个世纪 / 201

PART
11

宝宝出生第九个月

颤颤巍巍地走路，炸开翅膀地保护 / 207
母乳充足反而会导致宝宝缺铁性贫血？ / 209
偏食上火，压在妈妈头上的一座大山 / 211
睡哪里是个难题 / 213
碰到头了，会变傻？ / 215
听起来很恐怖的肺炎 / 217

PART
12

宝宝出生第十个月

危险的淘气和让人一惊一乍的创意 / 223
电视是宝宝浅睡眠的罪魁祸首？ / 226
辅食多起来，牙牙洗起来 / 228
上吐下泻，生理盐水来救急 / 230
不痛不痒但看着让人心慌的筋疙瘩 / 232
宝宝吞食异物后的惊心动魄 / 234

PART 13 宝宝出生第十一个月

直立行走第一步 / 239
孩子有主见了，妈妈得用智 / 241
亲近大自然的顾虑 / 243
打挺的小"大力士" / 245
试探妈妈的底线 / 247
说普通话的妈妈，说外星语的宝宝 / 250
左撇子，右撇子 / 252

PART 14 宝宝满一岁啦

小小的模仿大师 / 257
乐此不疲地玩表情互动游戏 / 259
咨啬的蹦字儿宝宝 / 261
吃米饭的新挑战 / 263
新增了难度的哄入睡 / 265

PART 15 宝宝一岁到一岁半

O型腿和X型腿 / 271
宝贝，我们一起战胜恐惧 / 273
快乐地吃饭"种饭" / 275
一起走走，一起谈谈 / 277

是心理上的强大，让妈妈成为人生的斗士

　　"妈妈"——一顶伟大而神圣的桂冠，女人只有在具备非一般的毅力、忍耐力，熬过漫长的孕期艰辛，挺过十二级疼痛的分娩锐痛后才能获得加冕。《圣经》里说分娩之痛是上帝对夏娃及所有女人的惩罚，在我看来，这种痛恰恰是女子完成人生重要蜕变的一次洗礼，无论是从生理上，还是心理上。诗人们咏叹：母亲，你的另一个名字是"坚强"。古语亦有云"为母则强"，是心理上的强大，让母亲成为人生的斗士，为自己的孩儿撑起一片晴空。然而，这个世界那么险恶，妈妈那小小、粉粉一团的宝宝啊，若是不倾尽所有的爱去呵护你，你要如何平安、健康长大？

　　第一次做妈妈对每个女人来说，都是一次心灵试炼：奶奶姥姥老一辈的经验不可全信；漫天的科学育儿指导也不可全信——因为，对于妈妈来说，宝宝都是独一无二的。共性可参考，特性却还是只能靠自己来把握。这个时候，老公也得靠边站——粗老爷们儿，碍手碍脚的，不帮倒忙就谢天谢地了。于是，新手妈妈们如刺猬般炸开浑身的尖刺，恨不得随时戴着显微镜观察，挑剔着一切，固执独断说一不二，一大家子人都围着小家伙团团转，筋疲力尽，苦不堪言。这都快成神经病了！也许是婆婆或老公的一次抱怨，也许是聊天时朋友间的调侃，"新手妈妈都是神经病"这句话就是这么来的。

　　宝宝慢慢长大，妈妈也在成长，从最初的神经质和手忙脚乱到后来的成竹在胸、处变不惊，这是一段酸、甜、苦、辣、咸五味杂糅的记忆。谁也没有资格去嘲笑新手妈妈们这一段"神经病"的过往，谁也不能去嘲笑！因为养育宝宝不是节目彩排，可以 NG 重来：禁不起半点儿的疏忽，容不得半点儿的侥幸。

然而，紧绷的神经总有不堪负荷的时候。家人的理解和宽慰，温和友善的沟通和交流在这个时候就显得尤其重要了。新手妈妈们的"神经质"，有相当一部分属于过度焦虑，无形之中放大了自己有可能遇到的困难和问题，于现实无补，给自己添堵。

从宝宝诞生的那一刻起，新手妈妈作为一位新手保健医生匆匆上任，理论有一些，经验听过一些，实践却是摸着石头过河。条条款款的罗列，端起权威的架子指导妈妈们该怎么做，这是育儿大百科的活计。新手妈妈来到这里，我们只需要一起深呼吸，将不必要的焦虑关在心门之外。回忆所有令你不安、焦虑的事，将它们一一写下来，做一次理性的分析，排除那些因为情绪压力而导致的"神经质"因素。余下的再做一下计划，有条理有目的地去求助专业的书，专业的人或机构。给自己紧绷的心来一次 SPA，精神抖擞、活力满满地在你的育儿大业道路上狂奔吧。

早日成长为一个淡定从容、成熟有魅力的辣妈妈。新手妈妈，不管您是已经朝着这个目标正在奋斗，还是仅仅停留在潜意识的艳羡上，在这里，我们会和您和您的宝宝一起：最专业的医学和心理咨询权威充当顾问，最真实有效的海量样本调查，最前沿的国内外育儿圣经分析，从您的宝宝降生那一刻起，陪他 / 她一起成长，和您共同进步，扫除情绪垃圾，早日让这一段"神经病"岁月进入完美的终结阶段。

从春末到冬初，历时 8 个月的精心打磨，这本书才"艰难困苦，玉汝而成"。在妈妈圈的孙玥、周绿苗、颜子力、王丹妮与紫图编辑的通力协作下，于千万新手妈妈热情分享的育儿故事里，细心遴选宝宝生长发育每一阶段最具代表性的案例；妈妈圈驻站儿科专家、广州市妇女儿童医疗中心儿科主治医师肖彦的一对一指导；德国认证积极心理治疗师、北京新世纪儿童医院心理专家曲韵老师对母婴心理进行全面疏导；最后，还有多位名人的真诚推荐，我们深信每一个拿到这本书的读者朋友会体验到育儿解忧的长情陪伴。

曲韵

德国认证积极心理治疗师

澳大利亚积极心理治疗与跨文化咨询中心主任 / 首席专家

英国AOEC认证高管教练 Executive Coach

北京新世纪儿童医院心理专家

中国积极心理治疗中心北京区域前主任 / 首席专家

焦虑是保护的姿态，敏感是母爱的标签

翻阅完这本书的全稿，我不禁想起了自己作为新手妈妈的那段经历。当年预产期临近时，远在加拿大的表妹也怀孕了。我这边月嫂、小时工都到位，就连母亲也过来照看着，而表妹在加拿大只有他们两口子。但是亲戚们仍然更担心我，觉得我应付不来，并不担心表妹。因为表妹作为家里排行最小的孩子，见过她的哥哥姐姐们养孩子，她不但帮着抱过孩子、哄过孩子，还亲自为孩子们换过尿布、喂过奶。我在这方面却是一无所知，导致生下孩子后手忙脚乱、惊慌失措，闹出不少让人哭笑不得的事。事实上，就我个人体验来说，每一个孩子都是独一无二的，作为新手妈妈，如果以为事先看了多少本育儿书，学习了多少张育儿光盘，就能从容应对第一年养育孩子的一地鸡毛、让人抓狂的状况，那真的是理想太美好，现实很骨感。

如今，普遍为三口之家的独生子女家庭，不仅缺少孩子的"梯队"，而且从环境上来看也不如以前开放。东家的小弟弟、西家的小妹妹，基本上不到满地乱跑不会被带出来玩，新手爸妈只好自己关起门来，求助于书本、网上经验分享，对于实际的育儿过程缺乏一个"亲自观察，横向、纵向比较"的过程。不了解孩子出生后的生长变化过程，在心理上会产生误判。记得当年我给朋友的孩子精心挑选了一条漂亮的小裙子作为周岁礼物，结果人家孩子两岁半才穿上。

新手妈妈因为缺少育儿经验同期交流，才会产生困惑、疑虑、焦虑。这本书详细列出宝宝从出生到一岁半期间各种让妈妈焦虑、困惑的状况，让新手妈妈能够了解到——自己以为天大的问题，其实所有的妈妈都会遇到。这样一来，自然就能缓解紧张焦虑的情绪。再加上其中一些知识的困扰，有专业的儿科医生来解答，更是从技术层面上解除了妈妈们的后顾之忧。

但是作为心理医师，我要提醒新手妈妈们的是：仅有知识还不够，你的整体心态和处事行为特别重要。与一般工作中的问题不同，孩子的问题如果处理不好，我们会担心耽误了孩子甚至误导了孩子。这样一来，育儿期间焦虑的状况无法减轻不说，还会由此引起自责和惶恐。现实生活中再加上期待他人（常常是老公、老妈、婆婆等亲人）的支持和帮助无果，引起误会、产生摩擦乃至冲突，使得本来就处于高度紧张状态下的妈妈们，情绪和行为就更容易走向极端，形成恶性循环了。

一、关于产后抑郁症

产后抑郁症是近年来已经逐步为大众所熟知的一种精神障碍。很多人以为是生完孩子后，产妇体内的激素变化造成了抑郁症。这是一个误解，单单是生产后激素的变化不足以诱发抑郁症。"产后抑郁症"里的这个"产",表明的是抑郁症发作的时间,而不是原因。孩子出生后,由于社会角色的变化、人际关系的转变、对养育孩子的知识和现实准备不足等原因而造成的焦虑,引起了生理上的不良反应,这些才是产后抑郁症的更大诱因。

产后抑郁症的诊断至今无统一的判断标准,目前应用较多的是美国精神病学在《精神疾病的诊断与统计》(1994 年)中制定的:具备下列症状的 5 条或 5 条以上,或必须具有第 1 条或第 2 条,且持续 2 周以上,患者自感痛苦或患者的社会功能已经受到严重影响。症状包括:

1. 情绪抑郁;

2. 对全部或者多数活动明显缺乏兴趣;

3. 体重显著下降或者增加;

4. 失眠或者睡眠过度;

5. 精神运动性兴奋或阻滞;

6. 疲劳或乏力;

7. 遇事皆感毫无意义或有负罪感;

8. 思维力减退或注意力涣散;

9. 反复出现死亡或自杀的想法。

据国内的统计,真正患产后抑郁症的人只有不到 12%。如果真的被诊断为产后抑郁症,那么药物治疗和心理治疗要双管齐下,因为产后抑郁症的发病原因中社会因素和个人人格问题占更大的比例。

大多数人只是有一些症状或者感到难受,这是在生活中发生了重大变化后非常正常的反应或者状态，是一种应激反应，也可以看作是适应不良。常见的有：

1. 怀疑。怀疑自己是否能够带好孩子。

2. 困惑。尤其是第一次当妈妈，完全不了解应该怎么做，对于孩子的啼哭不知怎么办才好。

3. 焦虑。担心孩子和自己的健康等。

4. 失望。对丈夫或者婆婆、母亲等亲人有期待，但对方的表现没有满足自己的期待。

5. 气恼。与保姆、婆婆、母亲等在坐月子、带孩子等问题上有不同意见，沟通不畅。

6. 由于以上原因造成的自怜、自卑、愤懑、恐惧等情绪困扰。

几乎每个女人在生完孩子后，尤其是初产，都会有上述的烦恼。如果新手妈妈的人格结构比较稳定、成熟，环境和他人的支持与配合也比较好，就能够逐渐适应这个巨大的变化。如果以前就累积了很多微创伤，或者在沟通方式、处理问题和冲突的思维、情感和行为模式上表现不佳，或者环境和他人（月嫂、父母或公婆）过于严苛，都会令产妇适应不良，形成恶性循环，导致产后抑郁症。

可见，要想逐渐适应家庭生活的变化，更多地需要自己努力调整。一方面克服自己的情绪问题，增长育儿知识，调整心态；另一方面要加强与亲人的沟通，不要害怕冲突，但也不要以发脾气来替代冲突的解决。这既需要产前做好准备，也需要在生产后多努力。很多人能够逐渐适应与调整，如果感觉仅靠自助效果太慢，那么要及时求助于专业心理咨询人士或精神科医生，必要时药物治疗和心理治疗双管齐下，以免状态恶化。

二、新手妈妈的心理发展过程

1. 有独立之觉醒，无独立之能力

案例一：儿媳住在公婆家，当初买房时买的是复式，写的是儿子的名字。老两口住楼下，儿子儿媳住楼上，四口人过得非常融洽，儿媳自称有女儿的感觉。孩子出生后，四个大人对孩子都是一样宠爱，儿媳开始有"婆婆跟我抢夺孩子"的感觉，但是又不忍心拂了孩子奶奶的好意，非常纠结痛苦。

案例二：女儿一直是家里的骄傲，长得好，学习好，工作好。妈妈一直跟女儿住，照顾女儿女婿的饮食起居，其乐融融。

孩子出生后，女儿看妈妈怎么都不顺眼，尿布包得不对，辅食调得不对，什么都不对。妈妈一气之下，让她雇月嫂，自己辞职不干了。女儿对月嫂不放心，又不让妈妈走，结果是两人天天怄气。

当一个人有了自己的孩子，尤其是当女人做了母亲，天性会让她对孩子有"独占"之心，对孩子的一切都要亲自控制。很多人也是在此时，才有了"独立""自主"的觉醒。可惜的是，很多独生子女长期没扑腾过翅膀，现在想飞也飞不好，甚至飞不起来。

建议：该补的课现在补上。觉醒之后自己努力吧！如果上一辈能够配合，能够放手，不是赌气式的放任不管，而是关心地站在一边当顾问、当助手，就

更好了。其实，这是上一辈早该做的。

2. 积怨大爆发

父母与独生子女之间，一直对对方都有不同的期待，因此会有不同程度的失望。每个人都有自己的角度和立场，因此会有异见和冲突。

大多数时候，都是孩子忍了父母、从了父母。但是，孩子的抱怨、失望、愤怒、责备却在心里积存了下来。

现在，借着如何养育孩子这个事件，积怨大爆发！这一次，孩子不忍了，不从了，因为"这是我的孩子，我要做主"。

我听过最厉害的一句话，是一个来访者说的："他们已经毁了我，我不能让他们再毁了我的孩子！"

建议：既然独立自主了，在空间上，或者心理上，试着超然于父母，超脱于过去，把积怨和现在发生的矛盾隔离开，把自己的过去和现实隔离开。准备好了的时候，专门去解决积怨。

父母需要注意的是，放手、放手、放手，不要再干预。

很多时候，这也是一个好事，因为这是一个解决过去问题的契机，让独生子女和他们的家长都学会认识新环境、适应新时代。当然对这种情况就要进行家庭心理治疗，需要一家人的参与，因为单凭子女个人的力量，还不足以抗衡长期积累的、强烈的情绪。

3. 自己想要的，都要给孩子

这是我常遇到的例子。家长并不真的了解孩子的需求，只是把自己小时候的愿望，强加到了孩子身上。自己小时候喜欢旅游，不管孩子喜不喜欢，拉着孩子去旅游；自己小时候羡慕别人弹古筝，现在让孩子弹古筝。自己小时候被批评得太多，渴望被认可、被表扬、被爱，于是就不断地夸孩子、宠溺孩子，矫枉过正。

所以，有些独生子女不是在养育孩子，是在养育他们心中没长大的、仍然饥渴的那部分自己。

建议：如果自己有很多未完成的愿望，希望你为了满足自己去做事，不要打着"为了孩子"的旗号，更不要投射性地认为"孩子需要"，替代了孩子自己的需要，剥夺了孩子尝试各种各样的生活的权利。

生了孩子真的是我们难得的成长机会，独生子女需要利用这个机会，去了解人的一生的成长，这样既能指导自己养育孩子，又能自我发现和提升。

4. 缺乏母性、父性

案例：一个已经生了两个孩子的母亲亲口告诉我："我母性低。生完孩子我只想赶快把她交给我妈。我不想给她喂奶，不想带她睡觉。我有那么多事要做，我要逛街、看话剧、和闺密喝咖啡、练瑜伽、旅游……"

这个母亲非常坦诚。我认识太多明明是自己贪玩忽略了孩子的父母，还死不承认，美其名曰"散养"什么的，给自己博"好父母"的名声。有些当父亲的也是同样，自己还没玩够呢，事情一大堆，哪儿顾得上孩子？工作了一天，下了班还想和哥们儿喝酒、吹牛，这些都不宜带着孩子，于是找借口说忙，把孩子撂一边儿。

建议：养育孩子，尤其是孩子出生后的头三年，需要家长长时间、高质量的陪伴，家长确实要放弃很多自己的事，把时间给孩子。如果您感觉自己没有准备好的话，千万别要孩子。养育孩子需要负责任，不是过家家！

5. 把孩子当宠物、当玩具

案例：这是初看非常有喜感、细想很让人心酸的一个案例。

孩子的父母真心喜欢孩子，下了班都立刻回家看孩子。妈妈给买玩具、买衣服，爸爸给拍照片、拍视频。微博、微信、相册什么的，常常上传更新孩子的动态。可是，孩子却得了神经抽动症，转到了我们心理科。因为父母把孩子当成小宠物一样，不是尊重孩子的需要，引导他成长，而是让孩子满足自己的开心或炫耀的需要，让孩子陪自己玩。孩子如果言行符合自己的心意，就各种喜欢、给买东西、给笑脸；孩子如果稍有自己的想法，违拗了家长的意愿，就训斥、威胁、给冷脸子，还美其名曰"教育孩子"。

建议：孩子是真实的孩子。TA 萌萌的，是为了得到你倾心的关爱，让你以 TA 的需要为目标，为 TA 服务，而不是为了满足父母的需要，"玩"孩子。父母需要觉醒长大，承担责任。否则，还不如养只宠物，别养孩子！

6. "科学育儿"

父母觉得自己从小就是上各种各样的文化课、艺术课长大的，所以轮到现在养育自己的孩子了，也想着拼命地给孩子设置各种科目。给孩子上培养兴趣爱好，让孩子更快乐、更有创造力的课！再大一些，学文有美术、陶艺、绣花、棋类、朗诵、主持、国画、书法等，学武有骑马、击剑、游泳、跆拳道、冰球、轮滑等等。再往后还经常带孩子去博物馆、植物园参观。孩子该吃什么、穿什么，该怎么跟孩子说话，全都有育儿书籍做指南……

可惜的是，生活是点点滴滴的、落在实处的细节。孩子跟妈妈一起擀面条、包饺子，比去学陶艺更开心，能学习到更多的东西。孩子跟爸爸一起擦车，比去玩汽车模型能体会到更多的乐趣。孩子自己随便地涂涂画画，比去美术班正规地学素描、水彩有意思。

建议：生活是柴米油盐、吃喝拉撒。曾经有一个病人告诉我，见到春天的美景，他也感到欣喜，但若不念上一句"二月春风似剪刀"或者"清明时节雨纷纷"，他就无法感受、无法表达。与其给孩子上课，不如跟他一起玩泥巴、捉迷藏、滑冰、嬉水。你陪孩子玩耍带给孩子的，要远比上课带给孩子的多。

7. 我小时候就是这么长大的

有的家长常常说："养个孩子至于紧张成这样吗？""我小时候就是这样的，现在也挺好。""我妈就是这样管我的。"等等。你和你的配偶与你的父母一样吗？你们的家庭环境、社会环境以及生活的时代一样吗？你孩子和你一样吗？如果忽略了这些巨大的变化，一味模糊现实处境，就无法根据实际情况去引导和保护孩子。

建议：承担责任，该学的学，该问的问，该自己摸索的自己摸索，不要给自己的懒或者无能找借口。

8. 真的不会

这是最常见的问题。爱心也有，家庭条件也不错，两个人也都负责，可是，真的不会养孩子啊！过去的农村，或者城市里的胡同、大院，大家的闲暇时间多，孩子也多，聚在一起玩耍，家长能够有更多的时间和机会做横向比较，对自己的孩子与别的孩子比有哪些特点、孩子不同年龄段长什么样以及有哪些需要，都看在眼里，有个概念。现在的社区环境和独生子女政策，让我们不知道面前的孩子到底怎么回事，也已经忘了自己小时候的细节。所以，很多家长面对孩子是真的束手无策，有时用六七岁的标准来衡量三四岁的孩子，有时又对 10 岁孩子的不当言行视而不见，认为孩子还小。

建议：既然已经忽略了社区的、环境的影响，现在的父母就要更加努力，不仅补上理论知识，还要勤于思考，在现实生活中与孩子磨合。另外，还要学会分辨市面上的亲子育儿理论，尽信书不如无书，更何况还有太多鱼龙混杂、似是而非的说教。当父母不容易，但是，只要用心，和孩子一起成长的过程还是快乐、美好的。

看到这里，新手妈妈和准备当妈妈的朋友是不是有些灰心丧气了呢？好难啊！我自己作为曾经的新手妈妈，回头反思，非常感谢孩子给了我这个机会，使得自己不得不去面对自己的缺陷和以前躲避的冲突，不得不逼迫自己成长、进步。如果我们把不断变化的生活看成流水，它冲刷着我们原本粗糙的人格，让我们变得精致，变得更有价值，我们应该感谢这样的机会。那么是主动反思、主动改变，还是抱怨天抱怨地一味埋怨呢？这个问题不弄清楚，不仅影响孩子的成长，也不利于我们对自己精神世界的不断建设、完善、丰富。要做到这一点，关键在于我们是否用对了方法。这本书的独到之处就在这里：所有新手妈妈担心焦虑的问题，都有前车之鉴，大家可以对照年龄段划分，对应各种情形有针对性地去了解。恐惧和焦虑来自对未来的不确定，如今，有这样一本书，可以具体地、详细地、科学地将养育孩子过程中的关键问题呈现出来，新手妈妈的焦虑自然而然就消解了。

2015 年 11 月 12 日

PART 1

宝贝出生第一周

妈妈心情表情帝版
——天哪，我真的当妈妈了！

快关掉Wi-Fi,辐射大，影响宝宝。

会健康成长吧？

我终于怀孕了！

妈妈紧箍咒

- 怎么还不出奶水，饿着宝宝了怎么办？
- 宝宝吃饱了吗？我的奶不够吧？
- 为什么一整天都在睡啊？
- 便便怎么有点儿绿啊？
- 这么小这么软，怎么抱才不会伤着啊？
- 要是小手上的号牌弄掉了，会不会给抱错了？
- 要怎么冲奶粉？得喝多少啊？
- 医生是不是根本就没有给我家宝宝仔细做新生儿体检？
- 宝宝的眼睑怎么有些浮肿？
- 怎么宝宝的手时不时地抖动，脚还抽缩回去？
- 孩子牙龈上还有白色的珠状物，这是长牙了？
- 哎呀，吐奶了，宝宝生病了？
- 有红屁屁啊，会得尿布疹吧？
- 吃奶粉会上火，孩子会胀气？
- 宝宝这是便秘吗？他才这么小，怎么办？
- 黄疸还不消，宝宝是不是有什么问题啊？
- 护士给宝宝洗澡，会不会弄湿宝宝的肚脐，会得脐疝的吧？
- 怎么才算是髋关节脱臼？尿布得怎么裹？
- 天哪，我的肚子真像个大口袋，这内脏还不得下垂啊？

焦虑从产床开始

焦虑指数：★ ★ ★ ★

焦虑关键词：第一次喂奶　胎便

　　出了手术室，我还是抑制不住地浑身发抖——剖宫产前 12 个小时不让进食，一个小时的手术，半身麻醉，可是手术刀划过，还是有强烈的钝痛感，护士告诫我疼也要忍着，最好不要叫嚷。我咬紧牙根挺过这种让人挠心挠肺的疼痛，浑身颤抖，精疲力竭。好容易感觉肚皮一空，听到哇的一声哭，立刻忘记了自己还在手术台上，挣扎着抬头要去看宝贝——但手术还在进行中，我动不了，也来不及仔细看看我的宝宝，她就被护士利索地检查完毕包裹好，推出去了。

　　躺在产床上，麻药效用渐渐消退，疼痛涌了过来。可是看着天蓝色小包里的萌宝，再大的痛苦也转化为带着甜味的咖啡糖。她是那么小，那么软，白皙的皮肤，粉粉的小脸，一点儿也不像人家说的刚生下来皱巴巴的老头儿样，更像是红富士苹果一般可爱。看着看着，我忍不住想去碰触，随即，大脑里敲响了警钟，立刻反射性地缩回了手：刚才产床推出来经过了走道、电梯，来来往往的人得有多少细菌？不消毒，我怎么能碰触她？喊来老公，用纱布蘸着医用酒精一点点擦还是觉得不够，干脆拧开瓶子，让老公用盆子接着，往手上倒来冲洗。

宝宝睡了，可是我却疼得厉害，也担心得睡不着：已经过去两个小时了，她怎么还在睡？从生下来就什么也没有吃，会不会饿坏？人家说生下来不及时喂，会造成孩子大脑缺氧，影响脑发育。一想到这个，我就躺不住了，挣扎着坐起来，不停地左右摸索着胸部：怎么还没有她们说的胀胀的要下奶的感觉？宝宝吃什么？不能吃配方奶，不然会影响到母乳喂养，可现在我没有奶啊？护士建议给孩子喂一些温开水稀释了的金银花露，但不能用奶瓶来喂，婆婆只好用小勺一点儿一点儿地往她小嘴上滴，天哪，这能喝进去多少？能顶饱吗？这一整天，我都在跟萌宝的两个"饭袋"较劲，怎么还不出奶啊？每过一分，我对于宝宝挨饿后可能发生的恐怖后果的担忧就加重一分。没有奶水的"饭袋子"依然得让萌宝嘬着——据说这样有助于乳汁分泌，但是真的好痛啊，萌宝吸奶的力气这么大，才一会儿，奶头就破皮见血了，这还怎么让她吃？

换尿布是个技术活，我不敢动手，看着婆婆收拾，然而一眼瞥见宝宝尿布上居然是青黑色便便，我立刻又不淡定了，就算听老人说这是胎便还是不放心，固执地非要打铃叫来护士查看一番。医生查房时，还特地拿那块尿布让他看过，确定宝宝肠胃没什么问题才放心！

这第一天，我是在伤口的剧痛和担心宝宝吃不饱肚子，担心宝宝有没有什么没有来得及发现的隐疾中度过的，临睡之前还使劲心疼为了给萌宝做检查被护士从小脚丫上抽去的一管血。可是如果不检查的话……怎么办？我对未来的日子突然没了信心……

儿科专家的话

　　体重超过 **2.5kg**，就可以认为是成熟儿，正规医院会给新生儿做一个叫作"阿氏评分"的体检，这是检查新生儿身体状况的标准评估方法。宝妈们不放心的话，可以仔细看看这份体检表。通常情况下，产后第一周，初产妇都是泌乳不足，第三四天时才出现乳房发胀发硬，是泌乳的征兆。但不管泌乳与否，都应该尽早让婴儿吮吸，不必过于在意奶量多少。初乳哺喂及注意事项医生或护士都会详细讲解，也可参照权威育儿书籍。一些医院出于母乳喂养宣传的需要，禁止给新生儿喂食配方奶，但视产妇个体泌乳差异，为避免新生儿长期处于饥饿状态，家人可以适当哺喂配方奶。因地域差异，当地有经验的医生会建议给新生儿喂食一些清热去火的药物，如上文提及的金银花露等。胎儿出生 24 小时内会排出墨绿或黑色胎便，3~4 天后才转为正常大便颜色。这些都是正常的，不需要担心。

　　剖宫产的产妇，分娩后更需要休息和精神的放松。麻醉效用过了以后，外用栓剂或是镇痛棒可以根据各人情形自主选择。这个时候，不要着急去抱婴儿，以免撕裂伤口。最好请护士协助用束腹带固定伤口，咳嗽打喷嚏时也应小心。产妇不用过早地将注意力投入到宝宝身上，让家人分担一下，自己已经打完关键性战役，可以好好休息一下了。

母乳 VS 配方奶

焦虑指数：★ ★ ★ ★

焦虑关键词： 初乳　低血糖

　　我在 2012 年 8 月 1 日剖宫生下小公主，3.2kg。这回我要讲的是我是怎样扛住各方压力做一个坚定的母乳喂养妈咪的。

　　从手术室出来，我还是很虚弱，只能躺着，宝宝睡在我旁边。我就这么看着她，就仿佛拥有了全世界。但这种温馨时刻还没持续一个小时，护士就过来说让我给孩子加奶粉。家里人听了她的"医嘱"后，也纷纷动摇了，要求加奶粉。我很着急，被家里人一起劝说，也很委屈。但我仍是不甘心，就说再等等看。总算打发走了护士，我坐不住了，时不时地挤压两个乳房，发现有淡黄色的初乳，这让我安心了些。就这么让宝宝喂着，心里一直盼着早点儿开奶。

　　到了晚上，宝宝一直在睡觉。本来初乳就很少，吃一次要吃很久，这一下子不吃了，会不会更饿？我犹豫着也不知道该不该叫醒宝宝吃奶，这时候，锲而不舍的护士们又来了，一趟一趟地跑，说是要加奶粉，还说再不加就要低血糖了，气得我说不出话来，家里人也对我有了怨言。实在逼得没法儿了，我打电话向从医的朋友咨询，朋友让我问护士为什么要加奶粉，有没有测过血糖。但她们都避而不答，只推说都要加的，在初生的第一天，应该要给宝宝吃8～12次，排掉胎便。

后来，护士长过来，我又问她为什么孩子出生才一个小时就让我们加奶粉喂养，为什么没有测血糖就要加奶粉。护士长说她们也很想让产妇给新生儿母乳喂养，但是人手不足，责任太大。诸如此类的说辞，总是不能叫我信服，于是我就坚持自己喂养，哪怕要喂很久也不打算妥协加奶粉。出院以后，我的磨难才真正开始，也不知道是不是医院里的人看说服不了我，转而去游说家里人，他们回来后一致要求我加奶粉喂养，还不是一个两个地来劝，而是发起"群众运动"，家里的亲戚成批成批地来劝。还说我乳房是软的，没多少奶。我告诉他们奶水很多，小公主能吃饱，可他们就是不听我解释。被这么轮番轰炸，我感觉自己都快动摇了。

就这样我坚持了20天，然后就在第20天的早上喂了母乳后又加了奶粉。因为家里人都说宝宝正在长身体，而且宝宝一直哭闹，母乳吃完了还哭。我也是怕她吃不饱，趁她睡着时，还挤出来存起来，一次性给喂了140ml，然后她果然就睡着了。想来，她真的是没能吃饱才哭的吧？就连月嫂也一直暗示我宝宝没吃饱。而且我给孩子称体重，发现体重没怎么增加，这让我更加着急了。我该怎么办？真的要放弃一直以来坚持的母乳喂养，改成混合喂养吗？

儿科专家的话

　　纯母乳喂养无法准确计量，有些妈妈会担心自己的母乳不能满足宝宝的需要。如何判断母乳是否足够，可以通过以下三项来判断：1. 看宝宝的尿量，每天换尿片六次以上，尿色浅黄；2. 大便为金黄色；3. 宝宝在吃完奶后觉得很满足。宝宝偶尔哭闹或吃奶频繁，并不能说明母乳量不够，不需要急于添加配方奶，而应该让宝宝多吸吮促进乳汁分泌，妈妈保持心情愉悦也能促进乳汁分泌。如果宝宝体重没有增长实在需要添加配方奶，也应该在每一次喂奶时先让宝宝吸吮妈妈的乳头，每侧至少吸吮 10 ～ 15 分钟，如果这样宝宝还不满足，那就视情况再添加配方奶粉，不要一顿母乳一顿配方奶粉。

"原来这就是'把吃奶的劲儿都用上'……"

关于黄疸的担忧

萌宝小卡

昵称：喜宝

性别：女

年龄：半个月

出生体重：3.2kg

宝妈小卡

姓名：喜宝妈

职业：生产经理

年龄：32岁

分娩方式：顺产

焦虑指数：★ ★ ★ ★ ★

焦虑关键词： 母乳性黄疸　照蓝光

　　我家喜宝出生后皮肤颜色就是黄黄的，医生拿测量黄疸的仪器检测了一下，告诉我黄疸指数偏高，建议照蓝光。我仔细打听了一下，说是一共要照七天，这七天还不能喂母乳，只能多喝配方奶。我问照了之后就能好吗，医生说会有所改善，这就是说照了也不见得能好啊，再加上照蓝光的花费是分娩住院费的两倍，这让我无比纠结。

　　喜宝才出生两天，会不会是书上所说的"早发性母乳黄疸"呢？不过我和喜宝的血型不排斥，继续喂母乳应该没有什么问题吧？在此之前我就打定主意一定要坚持母乳喂养。毕竟孩子半岁以前，都得靠母乳里的抗体来增加抵抗力。全家也一致同意母乳喂养。可是今天给医生这么一说，我就六神无主了。

月嫂见我在产床上唉声叹气，悄悄地说："这种程度的黄疸自己回家就能调理好，根本用不着去照蓝光折腾。"关键时候，婆婆和妈妈也赞同说是回家自己就能调理好，要是照一个多星期的蓝光，孩子多遭罪！

好吧，我也实在想不出更好的办法，就同意自己加以调理。没想到跟医生说的时候，他拿出好几张免责声明。看到上面可能引起的严重后果的免责条款，我吓得快哭了，手抖了好几次，差点儿将笔扔了出去。我问医生，是不是照了蓝光，这上面列出的一切突发病症以及后果就能避免，医生说就是这么个条款，不照的话就得签。真是不公平啊，就算我的理智告诉我这只是走个程序，但我想任何一个当妈妈的要亲笔签下这样的免责声明，心理上也是很难接受的。

回到家以后，月嫂和婆婆、妈妈就行动了起来。首先就是买了茵栀黄颗粒，每天按时给宝宝喝；然后就是早晚不太热的时候，早晨8～9点，下午4～5点，我们把喜宝衣服解开，反正也是夏天，只把她肚脐盖好，放在阳光下晒太阳。幸运的是乳汁足够了，喜宝每顿吃的量都很够，吃得多拉得也多，就这样过了十天左右，喜宝的黄疸终于退了。再去医院检查时，黄疸处于一个健康的水平。

唉，喜宝的黄疸可算是把我折磨怕了，第一次当妈妈的喜悦还没完全体会到，就来了一次惊魂。好在这一切终于过去了，只是对于当初医生所说的照蓝光，我还是耿耿于怀。给新生儿做黄疸检测用的那个测试仪真的可靠吗？而且是什么样的神奇蓝光，照了不见得好，不照的话有一大堆的继发症状？这是我到现在都没想明白的问题。

儿科专家的话

　　新生儿黄疸是一种生理现象，也可能是多种疾病的主要表现，所以首先要区分是生理性黄疸还是病理性黄疸。生理性黄疸一般在宝宝出生后 2 ～ 3 天时出现，4 ～ 7 天达到高峰，两周左右消退，宝宝不会伴有其他症状。如果黄疸是宝宝在出生 24 小时内出现，程度较重，或者黄疸退了又出现且有所加重，黄疸持续时间超过两周，都属于病理性黄疸。宝宝在医院出生后从第二天开始，医生都会用经皮胆红素测定仪测量宝宝的黄疸指数，便于筛查出病理性黄疸的宝宝，而光疗是目前应用最多并安全有效的治疗黄疸的措施。一般采取蓝光照射，照射时间为 24 ～ 48 小时，每隔 12 小时需要检测血中胆红素的浓度以决定什么时候停止光疗。

"宝宝，你再哭妈妈也要哭了！"

让人战战兢兢的脐带

萌宝小卡

昵称：珠珠

性别：女

年龄：1周

出生体重：3.6kg

宝妈小卡

姓名：珠珠妈

职业：销售

年龄：29岁

分娩方式：顺产

焦虑指数：★ ★ ★

焦虑关键词：肚脐出血

　　今天下午在宝宝的小床旁边忽然踩到一个东西，黑黑的还带着个白色的线头，我捡起来一看竟然是珠珠的脐带！晕，什么时候这小家伙的脐带脱落了？瞧我这当妈的，真是不合格，孩子的脐带脱落了，也不知道，准是今天抱她的时候就这么搓下来了。

　　赶紧打开包被查看珠珠的小肚脐，呵呵，光滑光滑的一个小肚脐眼，脐带果然已经掉了。小小的肚脐眼半圆形的，还挺好看的。想起前几天深夜，因为看到珠珠的小肚脐渗血，还吓得连夜去医院，不禁莞尔。

　　我记得是在几天前凌晨一两点钟的样子，在给珠珠换尿布的时候，我忽然发现珠珠的小肚脐出血了，渗出来的血粘到了护脐带上。在医院时，珠珠的肚脐一直长得很好，也很干燥。回家后，我们也坚持每天用碘伏给她消毒。但是自从前天给珠珠洗澡后，她的小肚脐就总是有一点儿血渗出。我咨询了当儿科医生的同学，同学说小孩子在脐带脱落的过程中渗血是正常的，只要注意消毒，保持肚脐干燥就好。所以，我们也就放心了。可是没想到，现在血渗得这么多，都粘在了护脐带上。

我们也不敢强行打开护脐带，怕把珠珠还没有完全长好的脐带一起硬生生拽掉。一家人担心得不得了。不等到天亮，立即就带珠珠去儿童医院。老妈和老公带着熟睡的珠珠走了，我和老爸在家中等消息。一个多小时，娘仨回来了。原来虚惊一场。据老公说，当时的值班护士睡得迷迷糊糊，一下就撕开了珠珠的护脐带，还好，脐带并没有跟着被拽掉，而且肚脐也没有异常。护士还把老公给"训"了一顿，大概意思就是大惊小怪，肚脐好好的。老公不相信她的技术，又带着珠珠去看医生。医生也好像一副美梦被打扰的样子，极不情愿地看了看，也说一切正常，只要坚持碘伏消毒就可以。老公这才松了一口气，心情好，也顾不上计较医生的懈怠，带着珠珠赶紧回家了。

儿科专家的话

　　婴儿出生 4 天到 2 周左右脐带脱落，在未脱落之前，新生儿的脐带护理十分重要，除保持局部的清洁干燥外，还要注意尿布不能盖到肚脐上；脐带脱落后，通常也会有少量渗液，可用医用棉签蘸取 75% 的酒精擦拭消毒，然后盖上消毒纱布。上文提到的用碘伏来消毒也是可以的。

奶宝奶饱

昵称：牛牛

性别：男

年龄：6个月

出生体重：3.7kg

姓名：牛牛妈

职业：服装设计

年龄：27岁

分娩方式：顺产

焦虑指数：★ ★ ★

焦虑关键词： 吐奶　是否吃饱

作为一个新手妈妈，每次给牛牛喂奶的时候，我真不知道牛牛有没有吃饱。

每次给牛牛喂奶他都是吃吃停停，基本上吃了一边奶之后，他就会睡着。让他睡觉吧，一放在婴儿床上他就醒了，嘴开始张开，舌头舔来舔去，手脚开始乱蹬，好像是又饿了想吃的样子。

现在他就只吃一边的奶，过了十分钟后就会吐奶，吐完后又拼命地找奶吃。你不把奶头拉出来他就一直吮吸，而且肯定会吃到吐。感觉一边的奶水他也只吃了一半，剩下的只好天天吸出来倒了。唉！怎么才知道牛牛吃饱了，然后让他睡安稳呢？

直到好几天后，我经过仔细观察，才觉得似乎找到了一些规律：当感觉到牛牛的牙床开始咬奶头玩时，捏一下他的小鼻子，他一时不能呼吸，就会本能张开嘴巴，这时赶紧把他抱到一边去。而且我感觉牛牛在吃饱后会有一种满足感，要么对我笑，要么不哭不闹，自己睡着了。因为发现好几次他没有吃饱时，都会哭闹，也会吸吮自己的手指头，还会黏着妈妈抱抱，情绪比较烦躁。这样的情况下，他吃奶会显得很生猛，张大嘴来回摇晃，碰着奶头了，就叼上去，动作十分利落。

婆婆总说我的担心是多余的，她的依据就是牛牛每天都有大便，而且量还不少。要真是饿着了，这些"软黄金"又从哪里来？总之，应该让牛牛自己做决定，吃到不吃了自然就饱了。可是我还是怕牛牛吐奶，因为在我想来，吃饱了吃到吐了也是有这种可能的。

儿科专家的话

新生儿吐奶是常见的现象，因为他们的胃和咽喉还没有发育成熟，如果在吃奶时吸入空气，或是宝宝吃完奶后没有及时进行竖立着拍嗝，都有可能会吐奶。上文中提到的宝宝十分活泼好动，吃奶时也是动来动去，这也可能是造成吃饱后容易吐奶的原因。所以，在排除病理性吐奶后，新手妈妈不必太过于担心。

裹不裹襁褓，娃妈说了算

萌宝小卡

昵称：宝宝

性别：女

年龄：4 个月

出生体重：3.2kg

宝妈小卡

姓名：陌陌

职业：销售经理

年龄：30 岁

分娩方式：顺产

焦虑指数：★★

焦虑关键词：裹襁褓

　　孩子生是生了，但是一系列的矛盾也随之来临。婆婆天天喊着裹起来不受惊。需不需要将新生儿裹起来，要怎么裹，我有自己的想法。

　　传统的观念认为婴儿襁褓能够起到保温的效果，因此一般认为新生儿应该要裹婴儿襁褓。但是反观西方国家的做法，我发现，没有裹在婴儿襁褓内的宝宝依然能够健康成长，同时显得更为活跃一些。然而一些报道也显示：国外的新生儿由于没有使用婴儿襁褓，可能会由于四肢蜷缩而影响睡眠质量，此外还有可能会对宝宝的脑廓发育产生不良影响。

　　所以我认为婴儿襁褓对于新生儿还是有一定的好处的。宝宝在出生之前都是蜷曲在妈妈的体内，而在宝宝出生之后将其放入婴儿襁褓的做法能够使得宝宝渐渐适应躯体放开的状态。但是婴儿襁褓会限制宝宝的活动空间，限制宝宝的运动能力发展和呼吸，不利于宝宝身体的生长发育。这是我根据我家宝宝的表现推测出来的。

看来，襁褓得用，还得好好用。选择是一个大问题，可不能听婆婆的，说裹个旧棉花做的小被子就算了。我就是因为天气太热，在裹不裹襁褓的问题上和婆婆有了意见分歧。好吧，后来我妈妈也加入了说服行列。我反复观察后，发觉作为宝宝保暖用的襁褓，其本身的存在有着一定的合理性，最后拍板决定还是裹着的好，但是一定得是薄薄的、柔软的襁褓，还是得有几条备用，轮换着使用。

儿科专家的话

出生后几周内，宝宝大部分时间都会被包在小毯子里，这样不仅可以保暖，被紧紧包住的感觉还会让大部分宝宝很有安全感。关于宝宝究竟要穿多少衣服合适，可以用的参考方法是，同等温度下，小宝宝的衣物应该比成人觉得舒适的衣物稍厚一点儿。

尿布的学问

昵称：宝宝

性别：女

年龄：6 个月

出生体重：3.4kg

姓名：宝妈

职业：会计

年龄：32 岁

分娩方式：剖宫产

焦虑指数：★ ★ ★

焦虑关键词： 纸尿布 棉尿布 消毒

　　我家的月嫂阿姨建议说，现在市面上的尿布种类越来越多，像一些纸尿裤之类的产品虽然用起来很方便，但是透气性差容易造成尿布疹。她认为像尿布这种给宝宝贴身用的东西，还是自己制作的安全放心一些。

　　我接受了她的意见，也觉得纯棉尿布的透气性好，可以避免宝宝得尿布疹。而且纯棉尿布都是我们精心挑选的棉布经过清洗和阳光的暴晒，绝对安全无刺激。再一个就是相比于纸尿裤，纯棉尿布的成本较低，可以反复使用。而且宝宝在刚生下来的时候，胎便较多，刚开始的几天排便次数多而且量还少，这个时候尿布的使用量会很大。而且纯棉尿布可以使宝宝的屁股干爽，更加有利于宝宝的发育。

不过在制作纯棉尿布时，我们也遇到很多问题。老一辈的人都说旧床单和衣服都是可以用来制作尿布的，可是我总觉得旧床单和旧衣服会不会因为太旧了，导致上面有很多繁衍的细菌？要是能拿显微镜看一下就好了。还有就是在清洗尿布的问题上，我和月嫂的意见也产生了分歧。她说最好不要用洗衣粉这种有刺激的洗涤剂清洗，清洗时应选择一些温和的肥皂，洗过后在阳光下暴晒，就可以保证尿布安全无刺激。但是真的不需要消毒吗？而且肥皂总是那么用，露天搁着，会不会也是产生细菌的温床？我还是坚持要用消毒液消毒，但这样一来，尿布就都是消毒水的味道了，怎么洗都还是有那个味道，这就让我抓狂了。

当然最重要的是大太阳下的暴晒。妈妈说在太阳下晒干就能很好地消毒了，不用每次都用消毒液去泡，那些东西刺激性大着呢。但我心底还是觉得用消毒液泡泡会安全一些。要是阳光那么厉害的话，就不会有那么多病菌滋生了吧？没见过越是太阳暴晒，东西越是腐化得快？想是这么想，心底还是不太确定用消毒液安不安全。这下可好，不用纸尿布了，我天天为如何洗尿布纠结个不停！

儿科专家的话

- 选择使用什么样的尿布属于个人自由，应根据自己的想法和需要
- 做决定。也要考虑宝宝健康方面的因素，如果皮肤长期处于潮湿状态
- 或长期接触大小便，可引起尿布疹。布尿布的隔湿性没有纸尿布那么
- 好，尿湿或大便后更应尽快更换。

PART 2

一周到半个月

妈妈紧箍咒

🌱 从她呱呱坠地开始，就一直纠结着她的体重。

🌱 要是一直让她这么哭下去，不睡觉的话，也不能好好长个儿的吧？

🌱 给宝宝洗澡，我可是时刻都不敢离开一步。

🌱 乳房胀痛，给宝宝吃奶简直是受刑，他吃得费力，我喂得面目狰狞。

🌱 乳汁积存在乳房里又吸不出来，据医生说是因为细菌滋生堵塞了乳腺管。

🌱 小宝很容易呛着，一呛就咳，一咳就大吐特吐。

🌱 给小宝喂奶，我如临大敌，神经衰弱得睡也睡不好。

🌱 每天给他喝奶的相关用具消毒、奶粉冲泡、事后清洗，简直就是一项烦琐的工程。

🌱 宝宝还没满月呢，身体总是软软的，我真的分辨不出来什么样才叫佝偻病。

🌱 看宝宝后脑勺的地方，明显头发稀疏一些，这不就是"枕秃"？

🌱 宝宝经常吃着吃着就睡着了，放下又醒过来，很让我们焦头烂额。

体重，还是体重

萌宝小卡

昵称：Amy

性别：女

年龄：3 个月

出生体重：2.2kg

宝妈小卡

姓名：米妈

职业：出纳

年龄：30 岁

分娩方式：顺产

焦虑指数：★ ★ ★ ★

焦虑关键词：体重　喂养量　混合喂养

　　Amy 出生的时候才 2.2kg，这让我很担心，从她呱呱坠地开始，就一直纠结着她的体重。她一哭，我就觉得她是饿了，就赶紧喂；吃完了，用不了一会儿就会拉，然后又是哭闹，又得给她喂奶了。搞得我在月子里光是给她洗屁屁、洗奶瓶就累得腰酸背疼，然而月子里称的时候，她体重才增加一斤多。

　　这一下，我可急了，想了想，觉得好记性不如烂笔头，拿个本子记录下每天给她喂养的时间和喂养量，以及拉臭臭的次数。尽量做到定时定量喂，间隔 2 ~ 3 个小时喂一次，中间加 1 次水。Amy 再次哭闹时，就不急着喂了，只是抱出来哄她，一起玩耍，跟她说说话，听听音乐。这样总该行了吧？不过喂的时候，还是觉得多吃点儿才好，每次奶粉一冲就是一奶瓶子，可惜 Amy 却一点儿也不体谅她妈妈想让她增重的苦心，总是剩下一多半，等到下次再喂的时候，又不敢用剩下的给她喝了，这样一来浪费特别严重。我给我们家 Amy 是混合喂养的，按照一餐喂奶粉，一餐喂母乳的原则，吃完母乳后我会起码等一个小时后再喂她奶粉，据说这样可以防止她消化不良；喂她喝完奶粉后又要等至少 3 个小时才喂母乳。她现在晚上 11 点开始吃奶，半小时后就抱起来拍嗝，怎么着都不肯睡。我有些着急了，就把她丢床上，把灯关掉，狠心让她哭一哭，想着不理她，过一会儿就能睡着了。这样是能睡着，但心里总是不踏实，她哭得那么伤心，我也很难受，尤其是她还是那么小小的，才 5 斤，都赶不上人家刚出生的婴儿。不过要是一直让她这么哭下去，不睡觉的话，也不能好好长个儿的吧？真是叫人闹心。

儿科专家的话

混合喂养的宝宝应该遵循每一餐先吃母乳、再喂奶粉的原则，喂完奶后拍嗝，竖抱十余分钟，再把宝宝放在小床上哄睡。刚出生的宝宝并不知道白天和夜晚的区别，但也需要培养他晚上睡觉白天玩耍，夜间喂奶保持安静不开灯，喂完奶立即放回小床睡觉。在傍晚前不要让宝宝一觉睡 3 ~ 4 个钟头，应该叫醒宝宝，跟他玩一会儿。在宝宝醒着的时候，可以让宝宝练习俯趴，做做婴儿操，这样保证宝宝每天都有一定的运动量，可以让宝宝入睡更容易。

给宝宝洗澡这项工程

萌宝小卡

昵称：翔宝

性别：男

年龄：8个月

出生体重：3.8kg

宝妈小卡

姓名：翔妈

职业：家庭主妇

年龄：31岁

分娩方式：顺产

焦虑指数： ★ ★

焦虑关键词： 洗澡水的温度　　拉脱臼

给宝宝洗澡可不是小事，尤其是如果妈妈粗心大意了一下，就会酿成悲剧。所以我把给我们家翔宝洗澡看作一项巨大的工程。事先不做好充足的准备工作，不准备好他的衣物，以及所有他专用的沐浴用品，我就轻易不敢"动工"。这还不算，我还得将这些东西一溜排开，放在我伸手就能够得着的地方才行。

给孩子洗澡时，我可是时刻都不敢离开宝宝一步，就算临时发现缺东西，宁可不用也不敢丢下宝宝一个人在浴盆里自己去取。

作为独立带孩子的全职妈妈，一个人给翔宝洗澡，从最初的手忙脚乱，到后来的从容应对，个中辛苦真不是三言两语可以道尽的。尤其是还在月子中的时候，翔宝小小的一团，用一只手托着他的小脑袋，得注意不让水淹着耳朵了，再轻轻地用软毛巾洗，那么嫩的皮肤，好像力气大一点儿，就能擦破皮一样。每一次给他洗完澡，我自己都是紧张得一身汗。

最让我苦恼的是，翔宝的胳膊和腿总是蜷着的，肘窝和膝盖窝，肉乎乎的褶皱里根本就洗不到，我单手也不方便给他牵扯开，再说了，一只手也不好掌握力道，怕给他拉脱臼了。只好将他从浴盆里抱出来，放在自己腿上，再挨个擦洗。就算这样，对于我来说也是如临大敌，他软软的，稍不留神就能从膝盖上滑下去。

洗澡水的温度又是一个问题，看了网上许多关于给小孩洗澡烫着小孩的报道，我是怎么也不敢在热水龙头下放着浴盆了。通常，将热水调到用手腕试过不烫的温度，先放上一盆水，然后再接上一盆稍微热一点儿的水备用。等把翔宝脱光光后，先掬水拍拍他的前胸后背，让他不至于那么紧张。

洗澡完毕后把宝宝包好抱出浴室，擦干身上的水，扑爽身粉，涂润肤露还有面霜。最后才是给翔宝穿上干净的衣服。

儿科专家的话

1 岁以内的宝宝，如果在每次更换尿布时家长都彻底清洁了尿布区，就不需要经常洗澡，每周洗 3 次就足够了，频繁洗澡会导致宝宝皮肤干燥。在洗澡过程中，假如你需要离开，必须把宝宝从水里抱起来带走，绝对不可以将宝宝独自留在浴盆哪怕一秒钟。洗澡后应用毛巾轻轻拍干，可以涂上低敏润肤液，再穿上衣服。

咬牙切齿地喂，
费劲巴拉地吸——疼啊

萌宝小卡

昵称：迪迪

性别：男

年龄：5个月

出生体重：3.6kg

宝妈小卡

姓名：迪妈

职业：市场销售

年龄：29岁

分娩方式：顺产

焦虑指数：★★★★

焦虑关键词： 乳腺炎　　感染

　　乳腺炎，哺乳期我一不小心就中招了，还是两次中招。乳房胀痛，给宝宝吃奶简直是受刑，他吃得费力，我喂得面目狰狞——真的很痛很痛啊。月子里第一次是奶水充足时，睡觉的时候不注意压着胸部了，导致乳房有肿块。那一次还算不上太严重，我用热毛巾敷了一段时间，再加上宝宝吃母乳可以疏通，很快就好了。这一次的情况却比较糟糕，已经严重到令我发烧高温不退。乳汁积存在乳房里又吸不出来，据医生说是因为细菌滋生堵塞了乳腺管。

　　事情是这样的，我们家宝贝是按顿吃母乳的，上午喂的时候还没事，到下午我就发现乳房胀痛。让宝宝吃的时候宝宝也不愿意吃，直往外吐奶头。我就拿吸奶器吸，还是吸不出来。我只好用热毛巾敷，一点点地把乳汁往外挤。然而，到了傍晚六点多的时候，我开始发烧了，一量体温将近 40℃，摸摸乳房也有硬块，碰一下都会很疼。我喝了给宝宝喝的退烧药，然后用吸奶器把乳房淤积的奶吸掉，个中痛苦就不必说了，好不容易烧退了。到了第二天，乳房硬块仍然没有消下去，我就去了医院，医生说要消炎，不然严重了就得动手术。挂了两天消炎的药水，乳房硬块终于消下去了。通过这次严重的教训，我认真反思了一下，觉得有三个方面的原因导致了这次乳腺炎的发生：第一，乳房淤积奶水。第二，宝宝习惯含着乳头睡觉，这样很容易滋生细菌，造成乳房发胀红肿。第三，乳头破损后没有及时治疗，依然坚持哺乳，导致了感染。

儿科专家的话

乳腺炎是由细菌引起的乳房组织感染，是很多妈妈在哺乳期都可能发生的一种疾病。这种疾病的治疗方法包括排空乳汁，休息，输液，服用抗生素。一定要把适合哺乳期的抗生素服完，不要停止喂奶，否则反而会令乳腺炎加重。母乳本身并没有被感染，所以患乳腺炎期间哺乳不会伤害宝宝，乳腺炎和抗生素也不会改变母乳成分。

吐奶，喷奶，呛奶，饶了我脆弱的神经吧

萌宝小卡

昵称：小宝

性别：男

年龄：1岁半

出生体重：3.7kg

宝妈小卡

姓名：颜燕

职业：家庭主妇

年龄：26岁

分娩方式：剖宫产

焦虑指数： ★★★★★

焦虑关键词： 吐奶　喷奶　吵夜

　　我家小宝在月子里的时候，吐奶就很频繁，可把我折腾坏了！偏偏他是头生子，小宝的爷爷奶奶那是将他当眼珠子疼，每时每刻都关注着，而且一开始我们没有搬出来，大家一起住。小宝吐奶的时候，他们就说怎么老是吐奶，是不是哪里有毛病？然后在月子里，就把小宝带去看医生，一通折腾下来，小宝烦躁不安，只是哭，吐奶还是没有改善。

　　小宝现在是纯母乳喂养，每次他吃完松开奶头后，我都把他抱起来一边轻轻地拍嗝，一边到处走动。过了好一会儿，以为他不会再吐奶的时候，我

就停了下来，然后他立刻就挣扎起来，动了几下，哗啦一声，口里的奶汁喷了我一身。他奶奶看见了，咋咋呼呼说："这该怎么办？跟喷枪似的，吃也没吃个什么，娃还遭罪！"我真是委屈没处去说。但是小宝吐奶也是事实，也只得忍了。

谁知道小宝他爸爸、爷爷、奶奶三个商量一致后，决定还是要让小宝搭配着配方奶。好吧，只要能让小宝多吃进去一些，怎么着我都认了。然而，喂配方奶过后，又一个问题出现了，小宝很容易呛着，一呛就咳，一咳就大吐特吐，天啊，饶了我脆弱的神经吧！

怎么我家小宝就和别人家不同呢？去医院检查，还是没什么定论，只是说等长大了再来做个胃镜钡餐什么的（五个月后也就是这个胃镜钡餐让我和小宝经历了一年的噩梦）。医院检查不出结果，于是，他们家就又认为是我的问题，说我不会带孩子。第一次当妈妈，我之前也有看各种各样的育儿书，吃各种各样的维生素、孕妇补品，反正他们家都说了不差钱，什么东西对孕妇好，我就吃什么用什么。小宝生下来也是个七斤多的胖小子，怎么现在吐奶的问题，就完全成了我的过错呢？

月子里剖宫产的伤口隐隐作痛，加上这些烦心事，心疼小宝遭罪，总是头疼得厉害。每天给小宝吃奶，我就如临大敌，神经衰弱得睡也睡不好。

儿科专家的话

　　吐奶是宝宝婴儿阶段的普遍现象，有时是因为吃奶超过了胃容量，有时是因为打嗝或呛咳引发的。吐奶通常不会造成窒息或严重危险。吐奶一般会在宝宝会坐之后得到缓解，少数宝宝会持续到学走路甚至更久，到 1 岁以后。如果宝宝出现经常性呕吐（每天 1 次或多次）或者呕吐物中发现血样物质或黄绿色物质，就应该带宝宝去看医生，让医生帮忙确认宝宝胃部和小肠连接处的闸门是否有异常。1 岁内的宝宝要想减轻吐奶，要注意给宝宝喂奶后拍嗝，在喂奶后半小时尽量让宝宝保持直立体位。

配方奶喂养的完美消毒程序

萌宝小卡

昵称：晨晨

性别：男

年龄：5个月

出生体重：3.2kg

宝妈小卡

姓名：晨妈

职业：设计师

年龄：30岁

分娩方式：剖宫产

焦虑指数：★★★

焦虑关键词：奶瓶　完美消毒

晨晨刚生下来时，我还信心满满能用母乳喂养，结果一个星期过去了还是没有多少奶水。每次晨晨要吃一个多小时的奶，感觉依旧还没吃饱的样子。他老爸大手一挥，不吃了，费劲，吃奶粉去。

于是，我就从“超级大奶瓶子”降格为“看顾奶瓶子”的人。晨晨要喝配方奶，每天他喝奶的相关用具消毒、奶粉冲泡、事后清洗，简直就是一项烦琐的工程。而且我还不敢假手别人，婆婆尝试了一次，结果就因受不了我还要在旁边督工，指手画脚，干脆就说让我自个儿干。

自己干就自己干吧，虽然累点儿，好歹自己放心。就为这所谓的“完美消毒程序”，家当一溜儿排开，厨房的大理石台上还摆不下。首先就是一个大蒸锅，晨晨的奶瓶子、水瓶子、吸管吊珠、勺子、专用的小碗、奶嘴，全部装进去，就是满满的一锅，然后加水漫过，大火烧开，完全煮沸，蒸煮 15 分钟左右才捞起来。就为这蒸煮时间过长，我已经烫毁了两个奶瓶子、两个奶嘴，后来将奶嘴放在小瓷碗里一起煮才好一些。

蒸煮完了以后，还不能马上冲泡奶粉，因为蒸锅里的水到后来也不太干净，我怕器具上面有残留，因此要再一次用电热水壶坐上一壶开水，挨个冲洗器具后，消毒程序才算完美完成。

接下来就是冲泡程序了。冲泡的水是消毒之前就用水壶烧好了的纯净水，晾到现在也差不多正好，将水滴到手背上以不烫手为宜。晨晨现在喝的是 1段的奶粉，按照说明，每次冲泡 30ml 左右就够了，可我感觉晨晨还能多吃的话，就适当又多加一些水，40ml 也能接受吧？只是不知道会不会太稀了。

还好晨晨每次都能喝完，就算喝不完，我也将奶嘴用开水冲洗后，盖上奶瓶盖放到冰箱里去。争取在两个小时内热给晨晨喝，要不然就只能倒掉了。

儿科专家的话

人工喂养的宝宝需要用到奶瓶。刚出生的宝宝每 3 个小时吃一次奶，如果妈妈们只准备 1 ~ 2 个奶瓶，每次喂完奶都要洗奶瓶、煮奶瓶消毒，的确很让妈妈们恼火。建议妈妈们不妨准备 4 ~ 6 个奶瓶，减少煮奶瓶消毒的次数。也可以购买奶瓶消毒机，这样就不会因为煮奶瓶不当损坏奶瓶和奶嘴了。

不补维生素会患上佝偻病？

萌宝小卡

昵称：妍宝宝

性别：女

年龄：1个月

出生体重：4kg

宝妈小卡

姓名：妍宝妈

职业：个体户

年龄：27岁

分娩方式：顺产

焦虑指数：★★

焦虑关键词：维生素 AD 复合剂　佝偻病　枕秃

　　我家的妍宝宝，从医院里回来时，医生就给我们开维生素 AD 复合剂，当时我还有些不以为然。毕竟，怀孕期间，各种维生素、孕妇钙片、叶酸什么的，我从来没断过。而且现在哺乳期，我仍然坚持吃孕妇钙片。想着宝宝吃母乳，怎么着母乳里也会有钙元素吧？但是，老公却抱着育儿百科书研究了大半夜，得出结论我们还必须给孩子补维生素和鱼肝油，说什么如果孩子缺乏维生素的话，会患上佝偻病。这让我紧张了好一阵子，因为宝宝还没满月呢，身体总是软软的，手和腿时时刻刻都是蜷着的，我真的分辨不出来什么样才叫佝偻病。

　　我问医生，这么小的孩子，还没出月子呢，吃奶还只吃那么一点点，一定得补维生素吗？我自己补充不就行了？医生说不管怎样还是得补充维生素 D，月子里的孩子根本就不怎么接触阳光，会影响钙的吸收，进而影响到骨骼发育，而维生素D恰恰是促进钙吸收的。

回家来，又有一件事让我点着了火药桶。我在摇篮里的宝宝枕头上发现了宝宝掉落的头发——这还了得？这不就是"枕秃"的迹象？不就是缺钙？完了，后悔死了，我怎么当初就一定觉得光凭母乳就能让宝宝补钙了呢？希望现在补还不算晚，逼得老公赶紧再去一趟医院，将医生原本推荐的其他维生素一起买了回来。

原本，我还想让老公带着妍宝宝的小枕头去，问问医生这算不算"枕秃"，被婆婆给拦了下来，意思是说我大惊小怪，说什么小孩子睡觉蹭来蹭去，头发掉几根很正常。怎么可能正常？看宝宝后脑勺的地方，明显头发稀疏一些，要是这么磨蹭就能掉头发，那她再过些日子不成秃子了？这回连老公都不支持我了，很让我生了一通闷气。

儿科专家的话

母乳喂养的婴儿需要补充维生素D，这种维生素可以由皮肤经阳光照射自动生成，但是婴幼儿要避免阳光直射。目前美国儿科学会建议，所有婴幼儿从出生后不久，就应保证每日至少摄入400IU维生素D。配方奶中已经添加维生素D，所以用配方奶喂养的婴儿每天喝足量的配方奶就不需要再额外补充维生素D。

枕秃并不能说明宝宝缺钙，枕秃现象非常普遍。有些宝宝有躺着摇头的习惯，致使头部与枕头摩擦导致脱发。随着宝宝运动量增大，能够自己坐起来时，枕秃现象就会缓解。

要抱抱、要爱抚，
就会惯出坏毛病？

昵称：萌宝

性别：男

年龄：1个月

出生体重：3.8kg

宝妈小卡

姓名：宝妈

职业：全职主妇

年龄：28岁

分娩方式：顺产

焦虑指数：★ ★ ★

焦虑关键词： 安全感　缺觉

　　我家宝宝先天条件比较好，我总戏称，宝宝在肚子里的时候把我吃下去的营养的精华都吸收了；我孕吐得那么厉害，也只是吐出了"垃圾"。宝宝出生后，每个见到他的医生都夸他发育得非常棒。

　　生完宝宝，从医院回来后，老公就向老人灌输不能一味抱的理念，但老人太爱孩子了，总想抱，每次都会以抱一会儿没事为由抱抱孩子，弄得老公哭笑不得。

　　不过我在给宝宝喂奶时发现，他经常吃着吃着就睡着了，放下又醒过来，很让我们焦头烂额。我和老公一致认为，这是因为宝宝没安全感才会放下就醒，就没想着要纠正他，一直将他抱在手上等他睡沉了才放在身边睡。有时候怕他再醒过来，我还一直让他枕着我的胳膊睡，经常保持一个姿势，动都不敢动，过后胳膊举都举不起来。老公原本是不赞成的，但看他睡得香不闹人的份儿上，也就默认了这种睡觉法。

本来这样就只是抱着睡觉还好说，可是婆婆却按捺不住对宝宝的喜爱，经常趁我老公上班、我睡觉的工夫，偷偷将宝宝长时间抱在怀里，走来走去。然后我们就发现他随时都想要人抱，就算吃饱了奶也得让人抱着转悠。转着转着睡着了想停下来休息，他立刻就睡不安稳了。为这个，老公埋怨了他妈妈，怪她不该总是抱着宝宝，现在这个坏习惯闹得家里人都吃不好睡不好。

儿科专家的话

出生后一周到半个月的宝宝只要吃饱了，就会自己安睡。只有在尿湿了之后才会醒来或是哭泣，所以一般情形下，建议除了喂奶以外，其余时候就让宝宝安静地睡觉比较好。不过在婴儿醒了之后，或是刚吃完奶、换完尿布的时候，可以抱一抱，这个时候因为婴儿的颈部还不能立起来，所以抱的时候要注意保护好婴儿的头颈部，用手帮他支撑。抱一抱婴儿，可以让他感受到亲人的温暖，有利于宝宝的身心发育。如果月子里的宝宝哭闹，爸爸妈妈一定要较迅速地做出回应，把宝宝抱起来轻轻拍他，跟他轻轻地说话，哼唱熟悉的曲子，抚摩安抚他。对于4个月前的宝宝来说，怎么宠爱都是不为过的！但是并不是说要一直抱着睡，婴儿的睡眠习惯是要从小培养的，当宝宝不再哭闹时，再轻轻地放回到他的小床上！

PART 3

半个月到一个月

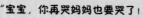

妈妈心情表情帝版
——淡定与淡不定

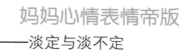

"原来这就是'把吃奶
的劲儿都用上'……"

"宝宝，你再哭妈妈也要哭了！"

妈妈紧箍咒

- 她的每一次哭都让我如临大敌，生怕她哪里不舒服。
- 月子里愁得我头发大把大把掉的是宝宝好吵夜。
- 这可真让我迷糊了，为什么宝宝会在夜里大哭不止？
- 宝宝拉出带条状的便便，这是吃奶粉吃上火了？
- 是我的奶水少，把宝宝给饿着了，才导致他体重没什么增长？
- 这时我哪里还记得什么定时定量哺乳计划，只求赶快让她吃奶不哭就好了。
- 每次看到宝宝吃得鼓鼓的小肚肚，真让我担心会不会给撑坏。
- 通常小豆丁被抱离我身边时，我总是担心他会碰着磕着。
- 适合人家的孩子，不见得适合自己家的孩子。
- 宝宝感冒了需要做 B 超？是我孤陋寡闻了吗？
- 我们一家人为了宝宝的鼻塞，算是使尽了浑身解数。
- 可能是我有些管不住嘴，才导致宝宝的湿疹问题一下子暴露出来。
- 因为害怕花粉过敏，我们都不敢带宝宝去户外。
- 第一次知道了"婴幼儿斜颈"的这个说法，知道了"骨性斜颈""肌性斜颈"等。

每一次啼哭都牵动着妈妈的心

萌宝小卡

昵称：欣宝

性别：女

年龄：6 个月

出生体重：3.5kg

宝妈小卡

姓名：欣宝妈

职业：全职妈妈

年龄：32 岁

分娩方式：剖宫产

焦虑指数：★★★

焦虑关键词：吵夜

　　欣宝快满月了，看着欣宝一天天地成长，我只觉得现在所拥有的才叫幸福和甜蜜，甚至，我已经回忆不起来之前没有她的日子我是怎样的心情了，只觉得现在心里满满的都是她才算正常。欣宝的每一次哭、每一次笑都牵动着我的心！尤其是从医院回来以后，她的每一次哭都让我如临大敌，生怕她哪里不舒服。毕竟离开了医院，否则有什么问题可以随时找医生。而且宝宝所有的语言就是她的哭声，这让我哪能不紧张？

　　月子里愁得我头发大把大把掉的是欣宝好吵夜，白天吃吃睡睡还没什么，就是到了晚上十点多钟，吃完奶也不愿意睡，必须让我抱着走来走去才行，一停下来就开始扭动，哼哼，要是还不如她的意就亮开嗓子大哭。这么小，就有脾气了，真是甜蜜的小负担啊。

　　慢慢地我也摸出一些规律来，一般欣宝大哭的时候，我首先检查她是不是尿了或是拉了，如果真的是需要更换尿布的话，欣宝马上就能止住哭，连眼泪都不带流的，号两三声意思意思就行了。饿的时候也是一样，乳头往她嘴里一塞，她立刻迫不及待哼哼开吃，也是干号没眼泪。发现了这一现象后，可把我乐坏了，有一次，我故意迟一点儿给她反馈，她越哭越大声，小嘴张得大大的，都看见小舌了，还真的掉了一滴眼泪。每每这个时候，她奶奶心疼地走过来一把抱走她，嘟嚷着跟欣宝说："不理这个坏妈妈！"好吧，我承认自己有点儿邪恶了，不过只是想看看欣宝究竟会不会真掉眼泪呀。

　　但是二十多天的时候，还真的吓过我一次。那一天晚上，欣宝怎么也不肯睡，也不吮吸奶头，将她往怀里拨拉，她只往外挣，一直在哭，怎么摇晃走动都不停止。婆婆抱更不管用。于是我着急了，欣宝哭，我也跟着哭，娘儿俩对着哭。大约后来她哭累了，才睡了过去。早上，我想着抱她去医院看看，结果发现她又很正常，和平日里一样。这可真让我迷糊了，为什么宝宝会在夜里大哭不止，而且还差不多都是那个时段？

儿科专家的话

　　哭对宝宝来说有多重实用意义，感到饥饿或不适时，他用哭来寻求帮助，爸爸妈妈可以仔细体会宝宝不同的哭声，从哭声判断宝宝的不同需求。宝宝哭闹时，爸爸妈妈要迅速回应，抱起宝宝轻轻摇晃安抚。但是抱着入睡或抱着睡觉并不是很好的方式，一是会影响他人的休息，二是这样很难训练宝宝养成好的睡眠习惯，三是最适合宝宝的睡姿是平躺仰卧。

必须成为查便便的专家

萌宝小卡

昵称：早早

性别：男

年龄：8个月

出生体重：3.9kg

宝妈小卡

姓名：早早妈

职业：审计

年龄：33岁

分娩方式：剖宫产

焦虑指数：★ ★ ★ ★

焦虑关键词： 拉肚子　黑便便　吃奶粉上火

　　关于给宝宝查便便，之前我完全没有这个意识，虽然孕期的时候看了好多书，里面提到查便便的重要性，但想着查得细的话找医生就行了，一般情况下不就是拉肚子的时候会有所不同吗？等到早早出生时，才发现根本就没有想象的那么简单。

　　宝宝出生第一天，换尿布的时候，我发现他拉的是绿中带黑的便便。这就是传说中的胎便？问过医生，又拿育儿百科来对照着看了后，才稍稍放下心来。不过从那以后，我也养成了每日必查宝宝便便的习惯。既然宝宝的便便隐藏了关于他健康的大秘密，那我就不能松懈了。据我观察，3天后宝宝的便便颜色有了变化，不再是深绿色，而是带点儿黄色，老人都说这是吃了奶之后排的正常便便，以后颜色还会变浅。果然一个星期以后就成了金黄色，这表明他是个健康的小家伙。

真正的变化，让我担心的时候，是在宝宝半个月以后。因为小家伙很能吃，长得飞快，又因为我大多数时候都喜欢吃素，不爱吃宝他奶做的猪蹄汤、炖鸡汤之类油腻腻的东西，奶水一直很清，宝他奶总拿我挑嘴的毛病数落我。后来宝他爸爸决定适当地搭配一些奶粉来增加营养。这样我家宝贝母乳吃着，奶粉也吃着，大人们也就安心了。

不过宝宝第一天吃奶粉后，拉出的便便就黏稠多了，黄色更深了些。再往后，等到宝宝拉出带条状的便便时，我就有些坐不住了，宝他奶还火上浇油，说这是因为吃奶粉火气重，可把我给担心的，狠狠地呛了老公一句，就把宝宝的奶粉给停了。所以直到现在，宝宝仍然是吃母乳，只不过我要忍着硬灌下那些油腻腻的汤水，好让他吃饱吃好。

儿科专家的话

宝宝出生后会在几日内排空胎便，胎便完全排空后，宝宝的大便会转为黄绿色。母乳喂养的宝宝的大便是淡黄色的糊状便，配方奶喂养的宝宝的大便通常为黄色或黄褐色，要比糊状便更黏稠。大便的颜色和质地偶尔有变化是正常的。怎样判断母乳是否够量？如果宝宝每天至少有 6 次小便，每次吃完奶都很满足，体重增长情况好，就说明妈妈的奶量是充足的。

心急出奶更少，出奶少更心急

焦虑指数：★ ★ ★ ★

焦虑关键词：下奶　奶水不足

凡是见过哺乳妈妈的人，都会觉得给孩子喂奶，是一件不费吹灰之力的事情。就连医护人员有时都会有这样的错觉，似乎只要把产妇和宝宝放到一起，他们俩就能配合默契，喂得轻松，吃得香甜。可是一旦落到自己身上，许多新妈妈却发现，没有任何一件事情是轻巧不费力的。

比如我，第一次喂奶，连怎样让乐宝叼住奶头都费了好一番力气。宝宝着急，哇哇大哭，我更急，一身的汗，怎么着也不能让乐宝衔稳，更不要说吮吸了。妈妈和婆婆都说是还没下奶，乐宝吸不出奶水才哭。于是各种下奶汤——猪蹄汤、鲫鱼汤轮番上阵，感觉自己倒是增了不少肥膘，奶水还是老样子，不多不少。乐宝吃得费力，我喂得心焦。好容易喂了快1个月了，一称体重，才增加 1 斤。家里人不乐意了，说是我奶水少，把宝宝给饿坏了。就这样，我不得不开始了母乳和配方奶混合喂养。

不过我还是有些不甘心，怎么别人哺乳那么轻巧，到我这里就费老鼻子劲儿了呢？美国助产士乔伊有一句名言："每一个女人都是一头母牛，都有奶。"我始终相信，我也是这么一头"母牛"，于是一逮到机会，就让乐宝练习吃母乳。配方奶不给他喂那么足，只有等到他吃母乳吃得自己放开奶头了，才给他补充配方奶。

好在我的努力还是有成效的，乐宝已经能熟练吃上奶了。虽然我的奶水不太多，他得费劲儿吃上好久，但终归能吃上不是？我仔细观察了一下，发现宝宝是用舌根压着乳头，将整个乳晕都含进去，然后一压一压跟抽水泵似的吸，才能吃到奶。怪不得最初开始喂的时候，他总也叼不稳，那个时候，乳头还很短，乳房倒是胀得大，他没法儿将乳晕含在舌下，也就没法儿凭借天生的"吃奶技巧"来泵出乳汁了。吃了一段时间后，乳头被他拉扯开来，他也适应了，这才成了"吃奶专家"。这种奇特的吃奶方法，大人们还真的都学不会，我尝试用奶瓶吸过，发现用他的那种方法，大人还真的吸不出来瓶中的水。真是太神奇了。

儿科专家的话

母乳是宝宝最好的食物，但不是每个妈妈母乳喂养都很顺利。刚开始喂奶的几天，妈妈可能会遇到乳头皲裂、乳房胀痛、泌乳不够、宝宝衔乳不正确的情况，这时妈妈们应该尽早向专业人士寻求帮助（儿科医生或哺乳专家）。

吃多少，啥时吃，
宝宝自己门儿清

萌宝小卡

昵称：欣欣

性别：女

年龄：6个月

出生体重：4kg

宝妈小卡

姓名：欣欣妈

职业：会计

年龄：31岁

分娩方式：顺产

焦虑指数：★ ★ ★

焦虑关键词：哺乳计划　　夜奶

　　"看孩子，别看钟。"这是国际母乳协会的一句著名格言。就是说，母乳要按需喂养，而不是按时喂养。这句话我可是深有体会，我家欣欣就是这么一个任性的小公主，饿了就要吃，如果不及时给她喂，她就哭得震天动地，一家人都得来哄着这个小祖宗。

　　没正式喂奶之前，我还把给孩子哺乳计划得好好的，比如每隔两个小时喂一次，每一次喂十五分钟左右。因为据说刚生下来的婴儿胃才一颗葡萄大小，我可不敢给她多吃。然而这一切所谓的科学合理的设想，在我真正开始喂宝宝母乳的时候，就全部被推翻了。

首先，欣欣真的很能吃，而且每次开吃，都是一副饿极了的馋样，叼着了就拼命地吸，我算是真正理解了"把吃奶的劲儿都用上了"这句古话到底是什么意思了。欣欣吃的时候，鼻孔里出气很粗，有点儿累得直喘的感觉，就这样她还是锲而不舍地吃。担心她吃得猛了会撑坏小肚肚，我试着把奶头往外拔，这下她可不干了，好容易吧唧一声拔出来，然后欣欣就是一副震惊和吓到了的表情，过了一会儿，见我没有再喂她的意思，立刻就哇哇大哭起来，是那种用尽力气，哭得上气不接下气的感觉！天哪，都到这个地步了，我哪里还记得之前订的什么定时定量哺乳计划，只得将奶头再塞给她，能止哭就谢天谢地了。

再有就是晚上，因为要及时喂奶，欣欣贴着我睡，总是喜欢含着奶头入睡；等她睡着后，我想拔出来，她就条件反射地吸两口，然后就又慢下来。我真的不知道她这样到底是因为饿才吃，还是因为习惯含着乳头睡觉。反正来回拉锯的结果就是我只能妥协：想啥时吃就让她啥时吃，想吃多久就让她吃多久。每次看到她那鼓鼓的小肚肚，真让我担心会不会给撑坏。

儿科专家的话

宝宝什么时候吃、吃多少是由他自己决定的。宝宝肚子饿时会有表示，好让爸爸妈妈知道，新手爸妈们要学会根据宝宝发出的信号来喂奶，而不是依靠看时间来喂。但是让宝宝衔着乳头入睡或者把妈妈乳头当成安抚奶嘴是不可取的，这样做不利于培养宝宝的睡眠习惯，宝宝也有可能出现口腔方面的问题。

将室内的一切危险
消灭在萌芽状态

萌宝小卡

昵称：豆丁

性别：男

年龄：2个月

出生体重：3.6kg

宝妈小卡

姓名：豆丁妈

职业：护士

年龄：28岁

分娩方式：顺产

焦虑指数：★★★★

焦虑关键词： 磕着碰着　室内危险　荧光剂

　　豆丁没出生之前，我也曾想象过自己坐月子的情景。心想，辛苦怀胎十月，一朝"卸货"，家里人那还不得当成大功臣，全方位伺候着啊？现实却是，豆丁才是那个全家聚焦的明星，我充其量只是一个移动的大奶瓶子。哦，要补充一句，生豆丁的时候，医生说脐带绕颈，建议剖宫产。手术后，因为伤口，我一直都不怎么敢抱豆丁，大部分时间是躺着休息。家里人纷纷上阵，乐此不疲地抱着豆丁满屋子、满楼道里溜达，除非是饿了，才抱到我身边来。

　　正是8月的天气，闷热得紧，然而长辈一再告诫我月子里不能吹电扇，不能开空调，更不能见风。也就是说这么热的天，我就只能一天 24 小时待在不通风的屋子里蒸桑拿。还是妈妈体贴，见我实在太热，就拿湿毛巾给我，让我过一会儿就自己擦擦，免得中暑。豆丁要好一点儿，他带着小帽子，裹着小被单，可以出去呼吸一下新鲜空气。

也不知道是不是我真的小心过度，通常小豆丁被抱离我身边时，我总是担心他会碰着磕着，比如抱着他出门的时候，被门框撞到了怎么办？烫着了怎么办？于是发动全家，试图将一切危险消灭在萌芽状态。

首当其冲，是来自看不见的危险。因为坐月子，一切的用具都是新置办的。之前看过一些关于荧光剂危害的报道，于是我特地准备了一支测荧光剂的笔，先将所有宝宝接触的东西都照射一遍，有显示荧光的都给清出去。因为家人总是会抱孩子，又担心他们身上会沾到，掉到孩子身上。所以我坚决拒绝了把那些带荧光的东西给大人用的提议。为这个，婆婆没少跟老公唠叨，说我太过神经质。

还有就是室内消毒。病毒无处不在，再加上豆丁的皮肤那么娇嫩，如果接触过病毒后，就可能会生病。所以我坚持要求家里要定期消毒。空气净化器是一定要用的。雾霾时有，回家先洗手。

家里有棱角的家具，提前就买了各种边角防护套。虽然小豆丁现在还小，但也要提前做好预防，让我们大人先适应适应，培养起安全意识不是？

儿科专家的话

　　刚生完宝宝的妈妈身体比较虚弱，比平时多汗，很需要休息，舒适的环境温湿度都是很必要的。房间要保持通风，室温在24℃~27℃，尤其是夏天天气炎热时，可以开空调降低室温。

　　宝宝的安全问题是爸爸妈妈最关心的问题之一，要选择符合婴儿用品安全标准的衣物及用品。要防止宝宝摔落、烫伤和窒息，不要将坐在婴儿椅中的宝宝放在椅子或桌子上，无人看护时不要将宝宝单独留在床上、沙发上，给宝宝洗澡时要掌握好水温，不要用微波炉加热宝宝的食物。宝宝的玩具一定要适合宝宝的年龄。家里有棱角的家具要贴上防护套。

百儿百相，有选择性地听取建议

昵称：牛牛

性别：男

年龄：1个月

出生体重：4.0kg

姓名：牛牛妈

职业：销售

年龄：34岁

分娩方式：剖宫产

焦虑指数：★★

焦虑关键词： 育儿建议　小白鼠

　　儿子牛牛出黄疸时，亲戚朋友给了很多偏方。有让用黑芝麻煲水冲凉的，有让抱着去晒太阳的……其实我也知道生理性黄疸是可以不用太操心的，但就是放心不下，太担心孩子了。这些偏方我们都一一试过了，结果啥作用也没有，倒把孩子折腾得够呛。

　　在怎样照顾孩子的问题上，儿子从一出生开始，就有了一大群的"名誉顾问"，仿佛除了他老妈我以外，个个一夜之间都变身为"砖家"，什么都要来指导一番。当然，我也不否认，大家是出于热心，但说实在的，公说公有理，婆说婆有理，如果我真的挨个去听的话，不说把自己累死，牛牛也得遭不少罪。所以当妈的除了要有"海纳百川"的胸怀，还要有"独断"的魄力。

　　牛牛一生下来，第一个争论的焦点是"尿布"。关于使用什么尿布的问题，我们全家召开了一次家庭大会。老人认为棉布透气性好，小孩用着舒服；而我们都觉得洗尿布和尿布消毒是个费力的活计。结果他奶奶大包大揽地承包了这一项重大工程，天天洗尿布，洗尿湿的裤子。遇到天气不好时，洗的尿布和湿衣服都干不了，阳台上晾满了不说，连屋子里的椅子背上都分摊了许多，实在没法儿就买了烘干机，但那个味道啊——实在是一言难尽。老人家自己也折腾得够呛，后来，还是同意了我们的意见买了纸尿裤，省事多了，儿子也可以香香地睡个好觉。没过几天，新的问题出现了，宝宝因为长时间裹尿布，结果长了红屁屁，他奶奶坚持要用茶油来涂，说牛牛爸爸他们小时候就是这么用的，而我坚持要用护臀膏。反正，这次我不愿意折腾了，直接就让老公买了护臀膏，为这，婆婆没少叹气。

　　再有就是朋友给的建议，说小孩吃合生元奶粉好，她的儿子吃了之后抵抗力就很好。好吧，这又不是什么原则性的问题，我也买来给牛牛喝了，没想到牛牛喝是喝进去了，又全吐出来了。适合人家孩子的，不见得适合自己家的孩子，可怜的牛牛又被她的粗心妈妈当了一回"小白鼠"。

　　亲戚朋友们的建议还在其次，至少我可以有选择性地听，决定权在我手中。可是来自婆婆、公公老一辈的意见，我却是很为难，就算不打算采纳，也得绞尽脑汁尽量委婉地去说服他们，或者干脆推给老公去解决。婆婆坚持的依据是她们那一辈人的育儿经，但我想最了解宝宝的还是妈妈。妈妈要依照宝宝的个性来养育他。百儿百相，老一辈人的很多经验是以讹传讹的，她们喜欢唠叨，那听听就好，关起门来，我还是按照我的那一套来，毕竟咱也在孕期恶补了几个月的科学育儿经不是？

儿科专家的话

　　爸爸妈妈们都认为应该科学育儿，所以不去轻易相信所谓的"老辈经验"。宝宝刚出生时会出现黄疸，一般不需要药物或者偏方的治疗。至于选择纸尿布还是传统的布尿布，没有绝对，各有利弊。纸尿布可以避免洗晾尿布的麻烦，给爸爸妈妈们节约出的时间可以用来照顾宝宝，对促进和宝宝的亲密关系有好处。对于亲戚朋友介绍使用的物品或奶粉，要明白适合宝宝的才是最好的，切勿跟风。

第一次日光浴

萌宝小卡

昵称：毛毛

性别：男

年龄：1个月

出生体重：3.8kg

宝妈小卡

姓名：毛毛妈

职业：文案策划

年龄：27岁

分娩方式：顺产

焦虑指数：★★

焦虑关键词：重点看护　日光浴

　　我叫毛毛，来到这个世界 33 天了。和笨笨的老妈一起，被全家人重点看护，只准许在家里和楼道里活动，整整过了一个月可把我憋坏了。好容易老妈月子结束，今天我也得了特许，可以趁着早上不太冷也不太热的时候，出去享受一下日光浴。

　　出门的时候，为了避免尿裤子的尴尬，妈妈要给我穿上尿不湿，但只剩下最后一个了，还是刚出生时用剩下的小码的，有个粗心的妈妈，我也只好将就了！虽说里面小了点儿，但我的外套可不含糊，穿上了我的职业套装，戴上了最时髦的遮阳帽，妈妈抱着我，奶奶搬着我的小车，我们就出发了！

　　今天的天气格外好，阳光明媚的。妈妈和奶奶一起，充当我的"哼哈二将"，一行三人浩浩荡荡地出发了！嗬！到了楼下一看，原来急着出来放风的小豆丁不止我一个啊，各家大人抱着自家小豆丁凑到一起，唠得那叫一个欢快呀。

我的眼睛都不够用了，在楼下碰到了许多和我一样的小宝贝儿，有的妈妈抱着，有的姥姥抱着，就数我最小。

转动着大眼睛我瞅瞅这个，瞅瞅那个，嫌弃用平躺的姿势看不太清楚，小腿蹬啊蹬的，其实我是在给妈妈信号。可惜妈妈这一个月也憋坏了，找着了刘阿姨，立刻就聊上了，感觉到我的动作，只是轻轻摇晃着胳膊——我不是想睡觉啊，我只想直立起来，看看小伙伴们而已。唉，刚出月子的软团子伤不起！

为了让我接受更多的日光的洗礼，妈妈置我的形象于不顾，硬生生地把我的裤管儿撸了起来，露出我的小粗腿儿。我可是最注意形象的，怎么能让她这么毁坏呢！我急了，我蹬，我蹬，哎哟……我踢到了小车的支架上，疼死我了！疼也不说疼，谁叫我是男子汉！我忍了！

我的第一次日光浴最终以我几乎睡着而告终！至于是怎么上楼的，我也记不清了，反正忽忽悠悠就上去了！

期待下一次的好天气啊！

儿科专家的话

带着宝宝外出呼吸新鲜空气对宝宝是有好处的。但是6个月以下的宝宝不应该接受阳光直射，如果外出要穿纯棉衣物不要裸露皮肤，戴宽檐帽子，也可以戴上合适的太阳镜。6个月以后外出也尽量不要让宝宝在紫外线强度达到峰值时出门（即上午10时至下午4时），并且也要遵守一些原则：擦一些适合宝宝的防晒霜，穿轻薄纯棉衣服，最好是长衣裤，戴宽檐帽子和合适的太阳镜。

当妈的慌了，没病也会看出病

萌宝小卡

昵称：嘉嘉

性别：女

年龄：1 个月

出生体重：3.4kg

宝妈小卡

姓名：嘉嘉妈

职业：办公室文员

年龄：32 岁

分娩方式：顺产

焦虑指数：★ ★ ★ ★

焦虑关键词： 呕吐　感冒　做 B 超

嘉嘉昨天早上打了预防针，到了下午四五点开始呕吐，到晚上为止，已经吐了三次了。我慌了，来不及吃晚饭，就赶紧和老公一起抱着嘉嘉去医院，这期间她又吐了三次。看着她一股股地往外涌，本来就因为不太舒服没吃多少奶，这下子全吐出来，她的身上，我的胸前，全部都是奶渣子一样的东西。我的心仿佛被揪成了一团，恨不能长一双翅膀，一下子飞到医院去。

到了医院，一上来就挂了个儿科急诊，护士量体温，显示的是 37℃。医生看了看，开了个单子，说，去做个 B 超。

做 B 超？我有点儿反应不过来，问医生，这是不是打了预防针的不良反应？

医生说应该不是，可能是感冒了，先做个 B 超看看。

我跟老公两个人站在划价窗口前大眼瞪小眼，感冒了需要做 B 超？是我孤陋寡闻了吗？这是哪门子的道理？再说我一直觉得这个应该是打预防针的不良反应，不大可能是感冒，再说孩子没发烧，没咳嗽，也没流鼻涕的。

那到底做不做？最后决定做吧，谁让人家是医生，是专家，或许自有他们的道理。交钱，做 B 超，结果当然是什么事也没有。

回去找那个儿科医生，他看了看检查报告单，还是说可能是感冒了，开了点儿止吐的药打发我们回家了。

回到家，我这心里还是七上八下的，就这么打发我们回来了？到了晚上九点左右，嘉嘉开始发烧了，量了一下体温，38℃。怎么办，又赶着去医院？我是慌了，老公还算镇定，说先自己贴退热贴看看。贴上退热贴嘉嘉就睡着了，一晚上我仍然不放心，起来量了四五次体温，所幸一直稳定在 38℃，到了早上五点再量的时候已经退回 37℃了。我终于可以安心地睡一两个小时了。

早上起床，嘉嘉活蹦乱跳的，精神不错，胃口也不错，烧也退去了，也没吐了，便便也很正常，这下子我就放心了。看来孩子发烧不着急去医院是对的，手忙脚乱地冲到医院，医生能做的也无非是降体温。而且到现在我还耿耿于怀：嘉嘉才 1 个月就照 B 超，会不会有影响？都怪我，那时候怎么就慌乱成一团，智商下降为零了呢？

儿科专家的话

　　宝宝出生后头几个月内，引起呕吐最常见的病因是胃肠道感染，而病毒是最常见的感染源。少数情况下，消化道外的感染也有可能引起宝宝呕吐，包括呼吸道感染、尿道感染、肠套叠等。上面这个宝宝出现频繁呕吐需要尽快去看医生，医生让宝宝去做腹部 B 超可以排除肠套叠或阑尾炎等外科急诊疾病，超声检查是安全的无创检查，爸爸妈妈们不要担心会对宝宝造成损伤。宝宝发热并不是一种疾病，它只是某种疾病的一种症状。发热可以刺激身体的某些防御机制，但是也会使宝宝感到不适。一般在体温超过 38.5℃时，建议使用口服退热药，如泰诺林和美林，并不需要一发热就去医院。

"医生，发烧了，是38℃，你怎么还能淡定？"

捉急的便秘与攒肚

昵称：萌宝

性别：女

年龄：1 个半月

出生体重：3kg

姓名：萌宝妈

职业：理疗师

年龄：32 岁

分娩方式：顺产

焦虑指数：★ ★ ★ ★

焦虑关键词：便秘　　攒肚

　　我的宝宝 1 个多月了，纯母乳喂养，现在有四天没大便了。问过周围很多妈咪的意见，发现大家的看法主要有两种：一种意见认为是便秘，要给宝宝喝凉茶，吃妈咪爱，或者给宝宝塞香皂条，总之采用人工干预让宝宝大便。另一种意见认为是宝宝攒肚，说排便延迟，大多是因为母乳质量好，残渣少，给肠胃的刺激就小；因为孩子的肠道一直在发育，得不到刺激，就会影响排便，学名好像叫"乳滞"，但是这种宝宝排出来的粪便一定是柔软的。

　　我家宝宝在小便的时候也会拉一点点大便，也是柔软的，但是只有一点点，所以我偏向宝宝攒肚的说法，打算不干预。每天晚上喂完奶后，就在宝宝手臂内侧由上往手腕推，中医叫"引天河水"，散热去滞。推个二三十下；再从大拇指指尖顺着手指往手掌根部推三十下，这是调理脾经；食指也是如此，这是理大肠经。食物淤滞大多是肠脾不调导致的。再配合着按摩腹部，顺时针逆时针各五十下，第二天宝宝就在没有吃药的情况下正常排便了，这可把我给乐坏了，更有自信了，坚持给宝宝按摩。然后她果真每天一次便便，颜色气味都正常。

不过，给孩子按摩的时候，一定要力道适中，宝宝那么小，皮肤那么嫩，咱们大人的手上有茧子或是指甲没有剪短打磨的，千万要注意。我总是在孩子吃饱后安静的时候，一边和她说话，一边慢慢地按摩。当然之前肯定是要好好洗手，给孩子松开衣服，只在胸口和小肚肚上盖上柔软的毛巾被。她也很享受这种来自妈妈的爱抚哦。

儿科专家的话

不同宝宝的排便规律差别很大，有些是进食不久就会排大便，有些则是 2 ～ 3 天甚至 1 周才会排大便 1 次。3 ～ 6 周后的宝宝，如果纯母乳喂养，也有可能 1 周才大便 1 次，也是正常的。排便次数少并不代表宝宝便秘，只要最后排出的大便是软的，而且宝宝各个方面都很正常，体重平稳增长，定时吃奶，那就没有问题。可以给宝宝做些按摩、推拿。一般是在给宝宝喂奶或喂辅食前半小时左右，顺时针方向按摩宝宝肚脐周围约 5 分钟，帮助宝宝肠蠕动，有利于宝宝排便。

宝宝鼻塞，
使尽浑身解数来通气

昵称：乐宝

性别：男

年龄：2个月

出生体重：2.8kg

姓名：乐宝妈

职业：美容师

年龄：28岁

分娩方式：顺产

焦虑指数：★ ★ ★

焦虑关键词： 鼻塞　热敷　吸鼻器

乐宝在刚出月子的时候第一次鼻塞，一整夜都吭哧吭哧地喘不过气。看他呼吸困难的样子，我心疼得不得了。试过用温水把毛巾浸湿，并把毛巾放在他的鼻子上面进行热敷，据说这样有助于婴儿鼻子通畅，但是乐宝十分抗拒，脑袋动来动去，而且还大有再给他敷就大哭一场的架势。此招失败。然后我仔细观察，发现乐宝鼻子里似乎是堵塞了，就尝试着将小棉签蘸湿，将水滴进鼻腔，将硬鼻屎湿润软化后轻轻拨拉出来。这招看起来还行，至少乐宝舒服了不少。

　　婆婆说这是乐宝着凉了，于是将生姜去皮切成小粒，放进不粘锅里面，开小火翻炒到有姜味散出，趁热将姜用纱布敷在乐宝脚底板。没想到这个方法还真好用，贴了一整天，果然好多了。

　　原本吸鼻器我也买了，但是觉得没用。因为宝宝鼻孔真的很小，而且他不会乖乖不动地让你给他弄。可能得等他大些了，吸鼻器才能派上用场。

　　然而包姜敷脚底或湿润鼻腔取鼻屎比较麻烦，乐宝也不大配合。乐宝爸爸见不得儿子难受，他网购了一个婴幼儿专用镊子，用棉签湿润鼻腔后，用镊子捏出来。现在乐宝鼻塞了都靠它。我们一家人为了乐宝的鼻塞，算是使尽了浑身解数。

儿科专家的话

　　宝宝的鼻黏膜毛细血管丰富，当上呼吸道感染时，多数都会导致比较严重的鼻塞，影响宝宝睡眠。可以用温热毛巾敷鼻梁改善鼻塞症状。比较行之有效的做法是用生理盐水喷剂喷鼻，稀释堵塞鼻道的黏性分泌物。喷鼻也可以刺激宝宝打喷嚏以排出鼻塞物，缓解鼻塞症状。

让人又恨又怕的小疙瘩

萌宝小卡

昵称：墨墨

性别：女

年龄：2岁

出生体重：3.4kg

宝妈小卡

姓名：墨墨妈

职业：化妆师

年龄：28岁

分娩方式：顺产

焦虑指数：★ ★ ★ ★ ★

焦虑关键词： 湿疹　红疙瘩　忌口

　　我们家宝贝也是满1个月的时候发的湿疹，到现在快两岁了，也一直断断续续没有好，只能说现在控制病情了。被她身上这些让人又恨又怕的小疙瘩折腾久了，我也快成半个医生了吧。

　　据说家庭成员有皮肤过敏史的，在这样的家庭出生的小孩90%都会患上湿疹，只不过是程度不同而已。像我自己，也不知道是不是属于皮肤敏感的那一种，被蚊子叮一口就会有很大的一个包，很痒而且还很难消。估计就是敏感吧，所以才会导致我们家宝宝从出生满1个月的时候就开始发湿疹，到了满百日的时候最严重，一直到现在都不能吃鱼和虾，鸡蛋也很少吃，一吃就发疹子。可算是把我折腾坏了。两年下来，我和宝宝的湿疹作战的经历几乎都能写成一本书了。

首当其冲的就是忌口。宝宝吃母乳的时候，我得忌口，后来开始添加辅食的时候，她也要忌口。鱼、虾、蛋、奶是重点警戒的，千万不能碰，这可是血的教训。好在我的乳汁还算充足，虽然有这样那样的忌口，但是宝宝还是能吃饱，吃母乳能吃饱的话，她的湿疹问题就没有那么明显了。大约母乳仍然是宝宝的安全食物吧。这个时期，也就是在月子里，我很注意饮食，所以宝宝那时候还没表现出湿疹体质。等到满月后，可能是我有些管不住嘴，才导致她的湿疹问题一下子暴露出来，后悔死！后来有了教训，我发现忌口的范围要扩大，连水果也得忌，比如菠萝、葡萄、草莓等也是不能吃的，曾经尝试着给宝宝吃猕猴桃，吃两口，她的嘴唇就能肿成香肠样。忌口是一场残酷而持久的体验，更重要的是我不太清楚还有哪些食物让她过敏，所以后来整个哺乳期，我能吃的荤菜就只有猪肉，其余的也不敢轻易去尝试。

我自己也查阅了许多相关资料，湿疹一般都伴随着内热，我想着那就以后少吃性热的东西，吃些清热去火的食品应该是可以的。我原以为过敏总会有过敏源，那一段时间我疯了一般地在家里挨个排查，寻找过敏源，家里的狗狗早就被送走了，可是一些毛绒玩具、地上的头发、皮草大衣、毛领子什么的，也被我列入过敏源，必须严格隔离，就算是这样，宝宝还是时不时地发疹子，那些一大片的疙瘩，把我折磨得快要精神崩溃了。到底过敏源在哪里？

春天夏天的时候，因为害怕花粉过敏，我们都不敢带宝宝在外头，尤其是公园里多停留。但是排除了我能想到的一切过敏源，宝宝还是会出疹子，严重的时候，甚至会渗黄水，结痂。我把这些症状拍了照片，事后看了真是触目惊心，宝宝渗黄水就跟皮肤溃烂似的，因为渗液很多，过了一夜，已经结痂了，我不敢贸然去揭，总是先用芝麻油，或者药膏软化，然后再慢慢地将痂揭下来给宝宝涂药。

就算这样护理着，也难保不复发，我们为了医治宝宝的满身小疙瘩，看完西医看中医，内服外敷的，护理保健的，最后也只是勉强控制住病情，不至于太严重，最终也没有很好的根除办法。唉，这该死的小疙瘩！

儿科专家的话

湿疹并没有可以根治的办法，但是可以经过适当的治疗，控制几个月甚至几年都不复发。最有效的治疗方法就是防止皮肤干燥、发痒，同时避免接触容易诱发湿疹的物质。

歪头高低枕，斜颈早警醒

焦虑指数：★★★★★

焦虑关键词：歪脖子　肌性斜颈

　　宝宝出生以后，我感觉他的脖子有些歪，睡觉时总是不自觉地偏向一边，当时以为是枕头的问题，也没怎么在意，老人们就将那一半的枕头给垫高，就这样给他纠正，我也觉得这样是最好的办法了，也还是没怎么重视。

　　后来，宝宝一天天大了，越来越活泼，渐渐地能直立地玩耍的时候，我们这才发现，逗他的时候，他的脖子还是歪的，不怎么扭过来。这下子全家上下都着急了，尤其是孩子的姥爷，气得好几天都不说话，怪我们没有早些发现。

　　我和孩子他爸爸查了大量的资料，第一次知道了"婴幼儿斜颈"这个说法，知道了"骨性斜颈""肌性斜颈"等，依据网上查阅的资料，说是最好的办法是按摩，长期坚持按摩的治愈率在80%以上，也有不治疗自己好的，但是概率不高，反正各种说法都有，我们也只好先照着做了。

正当我们提心吊胆的时候，宝宝的脖子正常了，能正常扭动。我们都满心欢喜，还说以后不准提这件事情了，没高兴几天，有一天早上宝宝突然脖子又歪了，这该怎么办啊？找医生看过，医生也说是斜颈，要坚持按摩。然而这边根本就找不到专门为婴儿按摩的医生，只好自己在家对照着书本按摩。但是孩子那么小，一按摩就大哭，也不敢使劲，于是宝宝的病情时好时坏。

一晃宝宝四个半月了，但是，斜颈一直是我们的心病，看着宝宝可爱淘气的样子，都不敢想象他以后脖子歪着的样子，我经常一个人流泪。其间宝他爸也一直在打听能治幼儿斜颈的医生，后来终于找到了一位，那位医生摸了摸宝宝的脖子，说肌性斜颈分有疙瘩的和没疙瘩的，我家宝宝属于没有疙瘩的那种，但是还需要照B超详细检查一下。结果出来后医生说宝贝一侧胸锁乳突肌偏粗，得按摩治疗，预计最少一个月的治疗期，我们各种辛苦和折腾，每天都带宝宝去医院接受按摩，坚持了一个多星期，情况还是没有好转，钱还花了不少，当时我真想自己学手法，每天在家给宝宝按摩算了，但是宝他爸一直鼓励我，让我一定要有信心。而且那个医生有经验，他说一个月，我们就坚持一个月。

在治疗的过程中我发现，我家宝贝是周期性的斜颈，以星期五为分界，歪一星期，然后又正常一星期。所以我把星期五叫作"黑色星期五"，而我的心情也随着宝宝的病情产生波动。网上说周期性的斜颈是由于小脑发育异常造成的，大多在宝宝2～5岁能自愈，按摩并没有作用。但周期性的斜颈胸锁乳突肌不会病变，而我家宝贝的确一边粗一边细。一时也不好下定论说按摩管用，我们抱着试试的态度继续给宝宝治疗。

按摩半个月以后，我发现宝宝变成了右边歪一星期，左边歪一星期，莫非医生忽悠人，宝宝的病情加重了？第二天我果断去问医生这是什么原因，医生说孩子的脖子本来是右歪的，现在出现左歪是因为一侧乳突肌开始变细，宝贝不适应，掌握不了平衡造成的，医学上叫代偿性歪斜，这是好现象，证明按摩起作用了！

接下来宝宝的脖子从一星期歪七天减少到六天、五天、四天，到现在完全好了。看到宝贝的小脑袋转动灵活，真的很开心。

儿科专家的话

先天性斜颈是引起 5 岁以下儿童出现头部倾斜的最常见病因，多数是在宝宝 6 ~ 8 月龄时被发现。这时，家长或医生可以在宝宝的一侧颈部区域摸到一个肿块，这是由于胸锁乳突肌损伤，逐渐纤维化而缩短，引起宝宝的头部向患侧倾斜，面朝另外一边。斜颈的早期治疗非常重要，医生会教爸爸妈妈如何将宝宝的头慢慢移动到正常位置，按摩患侧挛缩的肌肉，宝宝睡着时把宝宝的头放在与斜颈位相反的位置，宝宝清醒时，把宝宝感兴趣的东西放在宝宝的健侧。这些简单的办法可以在早期治疗大部分宝宝因肌肉损伤而导致的斜颈。

PART 4

宝贝出生第二个月

妈妈心情表情帝版
——爱你是妈妈的本能

超重了！咱娘俩得减肥了！

肥胖儿智商发育受影[

宝宝，看这里，枕头大战开始咯！

妈妈紧箍咒

- 月子里我都没有睡好，熬成了熊猫眼。

- 我想宝宝吵夜，没准儿就是穿得太多、盖得太厚给捂的。

- 接下来宝宝都处于黑白颠倒，需要抱睡、奶睡的状态。

- 医生都看呆了，说还从来没见过这么严重的湿疹，当场问我是怎么当妈的。

- 宝宝太胖了，脖子的皮肤褶里通红通红的，还生小痱子。

- 怎么给宝宝减肥，难道宝宝饿得直哭也不能给他吃吗？

- 按照婴幼儿发育表，宝宝一直都是处于超重状态，真是发愁啊！

- 从宝宝满月时就考虑要不要给他添加果汁。

- 不能吹风，不能晒太阳，不然会落下月子病，这可把我憋坏了。

- 给宝宝剪指甲，我得先做好准备工作才行，这可是个大工程。

- 在这之前，我甚至不知道什么叫抬头训练。

- 经仔细检查，发现宝宝患的是一种特殊的疾病——"接吻病"。

- 宝宝出了月子开始呛奶，喉咙里面整天呼噜呼噜地响，睡觉也会打呼。

- 饿了哭，累了哭，困了也哭，你到底几个意思，这真是考验妈妈啊！

到点吵夜，昼夜颠倒，就是这么任性

萌宝小卡

昵称：丰丰

性别：男

年龄：8 个月

出生体重：3.2 kg

宝妈小卡

姓名：丰丰妈

职业：家庭主妇

年龄：30 岁

分娩方式：剖宫产

焦虑指数：★ ★ ★

焦虑关键词： 吵夜　　昼夜颠倒

　　我家宝宝丰丰在出生那天晚上没有吵夜，我当时还高兴着呢，谁知第二天就开始吵夜。刚开始，我也和许多新手宝妈一样，什么都不懂，弄得手忙脚乱的，抱着安慰他也不能让他安静下来，喂他奶也不吃，换尿不湿后他还是哭，怎么着都没找到宝宝哭泣的原因。月子里我都没有睡好，熬成了个大熊猫。

　　丰丰出生在 3 月底，那时候南方已经比较热了，可丰丰他奶奶依然要给她小孙子包得严严实实的，生怕冻着宝宝了，连护士都说包太厚了，他奶奶也不听，家里老人就是这样，总认为新生儿怕冷，所以老是捂得严严的，我想宝宝吵夜，没准儿就是给捂的，于是趁着晚上，背着宝宝他奶奶，将厚衣服去了两三层，果然那一夜宝宝就睡安稳了。

然而丰丰他奶奶说我没有带过孩子，没有经验，还说宝宝晚上吵夜也是我的问题，于是我就只好让她带，这下可好，接下来 10 天宝宝都处于黑白颠倒，需要抱睡、奶睡的状态。他一哭，我就得起来，整晚我能睡到两个小时那就谢天谢地了，有种要疯掉了的感觉。婆婆就说是宝宝百天精神太旺盛了，于是狠心不让宝宝在白天睡觉，见他要睡了，就弄醒了让他玩，想着让他晚上能安静地睡觉。然而宝宝白天没睡，晚上还是不肯睡，恶性循环的状态下宝宝都发低烧了，还是没日没夜地哭，我也哭。后来我坚决不让婆婆干预宝宝白天睡觉了，坚决要自己带孩子。最主要的是，晚上睡觉还给他打蜡烛包，这样下来，果然好多了，一晚上也能睡上一段完整的觉。

慢慢地丰丰长大了，醒的时候总喜欢让人逗他玩，晚上也显得很有精神的样子。我是被他吵夜吓坏了，每次丰丰醒着的时候，我都会努力消耗他旺盛的精力！和他玩，最近他迷上了枕头，我就把枕头扔（真的是扔）到他身上。他就特别开心，手脚并用，一下子就把枕头踹一边，我再捡过来继续扔到他身上，就这样可以玩很久。每次我婆婆都要说我是狠心的妈妈，这样那样地折腾宝宝……我不管她说什么，觉得只要安全，怎么玩都行！而且扔枕头的游戏可以锻炼宝贝的手脚协调能力。还有海洋球，五颜六色很好看，材质很软也不怕硌到宝宝。把几个枕头塞小床里面，他自己可以玩很久。这时候我就能去做点儿事情，洗衣服啦做饭啦，没事过来看看他。

消耗他的精力的另一个办法是跟他玩藏猫猫的游戏——道具还是枕头。我躲在枕头后面，一会儿从左边喊他，一会儿从右边喊，一会儿从上边，一会儿和他一起在枕头下面，他就会咯咯笑个不停。最打发时间的就是带宝宝出门玩了，宝宝躺在车里到处看，当妈妈的也省心！经过大约两小时的折腾，丰丰就闹着要吃奶睡觉啦，哈哈，终于能消停一会儿了，我们也赶紧休息休息，做点儿家务什么的。

儿科专家的话

　　哄宝宝睡觉是爸爸妈妈最大的挑战之一，好的睡眠才能让宝宝健康成长。有些宝宝在出生 6 ~ 8 周就能建立固定的睡眠节奏，但是也有宝宝可能几个月或者更长时间都保持难以预测的睡眠行为。宝宝刚出生的头几周，胃容量小，每次吃饱后最多能坚持 4 小时，宝宝会不停地醒来吃奶，但妈妈还是可以从这个时期起培养宝宝白天玩耍晚上睡觉的习惯。如果宝宝白天睡一觉超过 4 小时，特别是傍晚前那一觉，提前把他叫醒，跟他玩一玩，白天宝宝清醒的时候也可以给他做婴儿操，做抚触按摩，或者让宝宝练习俯趴。到了晚上喂奶时尽量保持安静，不要开灯，降低夜晚换尿布的频率。喂完奶也不要逗宝宝玩，立刻将他放回床上睡觉。这样可以培养他白天少睡晚上多睡的习惯。也可以培养宝宝固定的睡前习惯，如洗澡，然后喂最后一次奶就让他睡觉，让他意识到"现在要开始睡大觉了"。

湿疹把我折磨成了神经质

萌宝小卡
昵称：辰辰
性别：男
年龄：2岁
出生体重：3.4kg

宝妈小卡
姓名：辰辰妈
职业：个体户
年龄：33岁
分娩方式：顺产

焦虑指数：★★★★★

焦虑关键词： 湿疹　过敏

　　我家辰辰最初只是脸上突然冒出几个痘痘，刚开始是冒几颗，过几天自己又好了，所以那时我们都不在乎，以为是自然现象，到后面就出了一片老是不消，大家都说那可能是湿疹，不过少，没事，涂点儿自己的母乳就好了。我就照着试了几天，涂母乳，结果不但没少，反而开始慢慢增加了，这下我急了，上网查找各种只要不是涂药的方法（因为怕宝宝小，怕那些药有激素，刺激皮肤）。什么涂抹茶油的方法，刚开始有点儿好转，过几天还是加重；什么用金银花露擦拭、兑水洗澡都试过，都没用。那时宝宝的湿疹已经开始呈严重趋势了，婆婆说还是去医院开点儿药吧，我着急得都哭了，说不想让宝宝涂那些有激素的药，怕影响皮肤。因为还是在月子里，婆婆见我流泪怕落下月子病，就依我，到晚上宝宝已经痒得睡不着，头老是两边摇晃，我心疼得实在没办法最终决定带去医院看了，不看不知道，医生都看呆了，说还从来没见过这么严重的湿疹，当场就问我是怎么当妈的，把孩子折腾成这样才到医院来，太狠心了。

医生说现在小儿湿疹太普遍了，出现了就要及时就医，开点儿无刺激无激素的中草药成分的药膏涂抹就好了，不要耽搁。现在回想医生说我的那番话都感觉还是好委屈的，其实哪个做妈妈的会不疼爱自己的宝宝？只是对于我们这些初为人母的新手来说，有太多不懂、太多盲目，其实最终目的还不是想把一切最好的都给他们？

儿科专家的话

湿疹是对多种不同皮肤病的总称，多发生在患有过敏性疾病的宝宝或者有过敏家族史的宝宝身上，它并不是严重的疾病，多数和过敏有密切关系。如果宝宝被儿科医生确诊为湿疹，并且他认为有必要为宝宝开具处方药，其中可能是包括激素类或者抗炎药的药膏，这些药应该在需要时使用并按医生要求持续用药，过早停用有可能造成湿疹反复。除了皮肤外用药，有的宝宝还需要口服一些抗过敏药来缓解瘙痒。

被"肥胖儿"吓着了

萌宝小卡

昵称：小胖墩

性别：男

年龄：8 个月

出生体重：5.1 kg

宝妈小卡

姓名：敏敏

职业：家庭主妇

年龄：26 岁

分娩方式：剖宫产

焦虑指数：★ ★ ★ ★ ★

焦虑关键词：超重　营养过剩

　　宝宝太胖了，脖子的皮肤褶里通红通红的，还生小痱子，不知道用什么方法治，爽身粉也不管用，还越来越严重，昨天带宝宝去体检，医生说宝宝太胖了会影响智商，一听这话，我当时真有点儿吓傻了。

　　而且我还发现，应该是因为很胖的缘故，宝宝的小鸡鸡也比同龄孩子的小，我问医生，医生说没事，只要以后瘦下来就行。可是孩子还这么小，总不能现在就给他减肥吧？我亲戚家也有一个孩子，出生的时候也是 10 斤多，从小到大就没有瘦下来过，胃口大得出奇。家里长辈疼得跟什么似的，说能吃是福，吃得胖，长得壮。然而孩子几岁之后，去医院检查时，医生说他因为太胖，小鸡鸡发育都不正常了，长大以后会成大问题。听到这话后，他爸爸妈妈当场就哭了。然而因为是一直肥胖，成了肥胖儿，要减肥根本就减不下来。

我家宝宝因为是纯母乳喂养，且乳汁一直很充足，从月子里开始，他就跟吹了气的气球似的，小胳膊小腿圆滚滚的、胖嘟嘟的，看起来是很可爱。然而因为有亲戚家的先例，我真的好害怕我家的宝宝也成了肥胖儿。但是现在他才几个月大，而且都是吃母乳，怎么给宝宝减肥，难道宝宝饿得直哭也不能给他吃吗？尤其是按照婴幼儿发育表，我家孩子一直都是处于超重状态，这可真是愁死我了。

儿科专家的话

肥胖是指体重超过同龄、同性别、同身长的宝宝正常标准的20%，是由于长期能量摄入超过消耗导致的，多发生在宝宝1岁以内，5～8岁及青春期。预防宝宝肥胖，得从妈妈怀孕后期开始做准备，准妈妈要在孕后期适当控制饮食，防止胎儿体重增加过度。宝宝出生后最好用母乳喂养，避免添加高糖、高脂肪的辅食，量也要适度。如果6～8月时宝宝已经肥胖，应限制奶量，减少精制米面食品以控制其摄入过多的能量。另外要增加运动量，对于半岁左右的宝宝，增加运动量的办法有让宝宝多俯趴、翻身，仰面躺着时踢腿。

来点儿果汁——轻松一刻

焦虑指数：★★

焦虑关键词：果汁　配方奶　便秘

　　悠悠已经快满两个月了，需要说明的是，因为生她一个星期以后，我患上了乳腺炎，停止母乳喂养接受治疗，悠悠不得不喝起了配方奶粉，一直喝到现在。因为是喝奶粉，悠悠在月子里大便就比较黏稠，有时还成条状，家里老人都说孩子这是吃奶粉火气重，得清热去火。然后我从她满月时就考虑要不要加果汁了。

　　然而悠悠终究太小，我也不太敢贸然给她喂果汁，先是在她喝水的奶瓶子里加一些煮熟放凉的雪梨汤，发现她喝得津津有味，也不敢多喂，20ml 左右，结果喝得干干净净，拿开奶瓶子她还吧嗒着小嘴巴，显得意犹未尽的样子。接下来，我又尝试了苹果汁，用榨汁机榨的，还行，悠悠喝得很惬意。但是后来尝试的鲜橙汁就不太美妙了，大约悠悠不太喜欢酸甜味。但是据说鲜橙汁才是补充维生素 C 最好的果汁，这让我纠结了一阵子。

我买来婴儿辅食食谱，又选了几种味道比较温和的果汁，用榨汁机榨好后当作悠悠的饭后甜品，这可是悠悠一天当中最开心的时刻，就算喝光了水瓶子里的果汁，她仍然不肯松开奶嘴，空瓶子吸得吱吱作响。而且，最神奇的是，我发现自从添加了果汁以后，悠悠大便就比以前顺畅多了，再没有那种每次大便时好像便秘似的，满脸严肃、浑身使劲的样子了。这算不算是喂了果汁后的"福利"呢？

儿科专家的话

美国儿科学会建议，不要给 6 个月以下的宝宝饮用果汁，因为果汁对这个年龄段的宝宝没有任何益处。对 6 个月以上的宝宝来说，果汁的益处仍然远比不上真正的水果，水果还能提供纤维和其他营养成分。对 1 ~ 6 岁的宝宝，每日喝果汁的量也要限制在 150ml 左右。

宅妈迈开腿，宝宝乐歪嘴

萌宝小卡

昵称：点点

性别：女

年龄：5 个月

出生体重：2.8kg

宝妈小卡

姓名：点点妈

职业：作家

年龄：32 岁

分娩方式：顺产

焦虑指数：★ ★

焦虑关键词：室外　御宅　亲子互动

　　坐月子的时候，我在家老老实实宅了一个月，这次的宅可不比以前我宅在家里赶稿子的时候。那时候虽说连着几天不出门，可总有一天会出去逛街买东西，或者去超市大采购什么的。坐月子时完全被禁止外出，妈妈和婆婆一致严令我好好在家待够 30 天，不能吹风，不能晒太阳，说是会落下月子病。可把我憋坏了，满心盼望满月"开释"。

　　刚满月，我就迫不及待地带着点点出门——我俩太需要外面的新鲜空气了。还好，那天的天气不错，点点戴着小布帽，很安静很乖巧，不一会儿就睡着了。于是，她老妈我就抱着熟睡的她逛了 3 层的商厦。回到家后，我被狠狠地教训了一顿，于是我又被"禁足"了。

又宅了大半个月，点点快满两个月了，而且她越来越喜欢亮堂的地方，有时候她奶奶将她抱出去，她会显得很开心，乌溜溜的大眼睛四处去看。据说宝宝满了两个月就能看清东西，我也发现点点现在看外边的风景时，有了专注的神情，大约是发现了什么让她感兴趣的东西吧。我终于可以抱着她在家附近的树荫下四处走动，但还是不敢去人多的地方，毕竟人多的地方病菌多，我可不敢再犯一个月前的错误了。

但是我逛了几次，很快就觉得没啥意思，再加上现在又能看书上网了，宅的毛病又犯了，不太想动弹，每次都让姥姥抱着点点出去溜达，早晚不太冷不太热，没有大太阳的时候，她们祖孙俩会在外面晃悠半个多小时才回来。而点点越来越喜欢待在外面。书上说，这个时期的宝宝应该在暖和的天气里在室外超过两个小时，这让我又有些不淡定了，点点她姥姥年纪大了，真要抱着孩子在外面逛两个小时，肯定很辛苦。看来，这个"遛"的任务只能交给她老妈我了。

儿科专家的话

去户外呼吸一下新鲜空气，改变一下环境，对妈妈和宝宝都是有好处的，天气不错时，可以带宝宝出去散步。不过带宝宝外出时，要注意以下一些问题：衣服要合适，于较热环境时衣服要利于散热，处于较冷环境时衣服要防止热量散失；尽量不要让6个月以下的宝宝受到太阳直射，带宽檐帽可遮住宝宝的脸，或选取合适的太阳镜。

剪指甲是门技术活

萌宝小卡

昵称：宝宝

性别：女

年龄：3个月

出生体重：3.6kg

宝妈小卡

姓名：宝妈

职业：美甲师

年龄：28

分娩方式：顺产

焦虑指数：★★

焦虑关键词： 指甲划伤　　指甲积垢

在我家乡有个说法，刚出生的宝宝要满月了才可以剪指甲。具体的原因我也不太清楚，我的女儿也是等到满月后才剪指甲的，之前也只能给她的小手戴手套，免得她用指甲抓伤自己的小脸。还好生她的时候天气冷，这么戴手套也没热着她。

出了月子给宝宝剪指甲，我得先做好准备工作才行，这可是个大工程，宝宝的小手指那么小，小指甲那么小，那么软，那是相当考验人的技术的。我首先准备了一个锋利的指甲刀，还有一块小布，一块柔软的毛巾，一大杯热水（最好不要超过人体体温）。剪的时候得在宝宝睡着了的时候下手，以免她会动来动去，影响我的准确度。当然我会提前将指甲刀用酒精消毒，然后从小拇指开始到无名指、中指、食指再到大拇指，准备的那小块布是用来包着她的手指，只露出指甲来，这样捏着宝宝的小手的时候，不至于因为力气太大捏得她不舒服。

剪之前，把毛巾蘸上温水，包裹宝宝的指甲，使其软化。剪的时候，再用干的布分开宝宝的五指，捏住其中一个指头剪，剪好一个换下一个。仔细修剪出想要的长度，避免把边角剪得过深。两次修剪过后可能会把指甲剪出尖角，这时候，我不敢去磨圆，而是继续将尖角修剪圆滑，避免尖角成为划伤宝宝的"凶手"。剪完后我还用自己的食指沿着宝宝的小指甲边缘摸摸，检查一下，如果发现尖角就立刻再修剪，更多的时候，剪完指甲就发现下面有黑黑的污垢，这可是一个多月内囤积的，就算每天洗手都没能洗干净，这时我就可以用先前准备的温热毛巾给她擦干净了，然后再用温水清洗一遍。

全套流程做下来，往往我的脖子也酸了，胳膊也僵了，紧张！再往后，我熟练了，就算在宝宝醒着的时候也能给她剪了。

儿科专家的话

宝宝刚出生的头几周指头很小，但指甲却长得挺快，有时一周需要剪两次，最好是在宝宝洗澡后入睡了剪指甲，选用婴儿专用的指甲钳或剪刀或磨甲棒，操作时要特别小心，尽量将宝宝的手指甲剪短磨平。脚指甲没有手指甲长得快，而且很柔软，不需要剪得跟手指甲那么短。有些老辈人说月子里不能给宝宝剪指甲或者说用嘴轻轻啃掉宝宝的指甲，都是十分不科学的。

脖子不给力，旅行还是缓缓

焦虑指数：★ ★ ★ ★ ★

焦虑关键词：抬头训练

宝宝 42 天的时候，我带她去医院体检，医生说很精神。到了 3 个月的时候，我想该再次给女儿体检了，想着儿童医院条件好一点儿，就带上宝宝和保姆来到儿童医院。在这之前，我甚至不知道什么叫抬头训练。称体重，量头围，测身高，一切都还好，只比同时体检的一个小一天的男孩轻几两，但也属于中上水平了。

到了医生那里，医生先让那个男孩趴着抬头，我一看就傻了，我从来没让孩子趴过，也没想过要她练习趴。

轮到我们了，医生着急要走，就把我女儿一翻趴在那里。女儿把头埋在那里挣扎，吭哧半天想抬起来，小脸都涨红了，然后那个医生就很不耐烦，她说：

"你生孩子时有没有难产，有没有窒息？"我说没有哦，她说："有问题，你看别人都抬那么好了，3个月的孩子应该都会挺胸了。"她又说了几句，是什么我忘记了，总之就差说她是脑瘫了。我很伤心地抱着孩子，一路上都在哭。保姆说，你别听她的，你上网查查，保证一大堆孩子都这样，每个孩子都不一样的。但我心里还是很着急，打电话给老公哭了很久。回到家，把女儿哄睡了后，我开始挑灯夜读育儿书。我记得看到一段话，印象特别深，大意是这样："虽然这里写了每个月的运动特点，但你不必太在意她这个月有没有做到，重要的是她有一天会做到，你只需要一个结果，她会做到，而不是她什么时候会做。"

第三天早上，我等女儿醒来，喂饱她后，就陪她玩了一会儿，然后估计她肚子不那么饱了，就把她翻过来趴着，她的小脑袋在那里努力挣扎，保姆直嚷嚷，练什么练，把孩子累死了，到时就会了。我说，还是练一下吧。正说着，宝宝把头抬起来了，虽然只抬了一两秒，然后就累得一下子把脑袋放床上了，我还是高兴得不行。保姆也来劲了，拿着玩具和我一人一边引她抬头，然后她又抬了一秒。我们俩那个高兴啊。要知道因为她一直都是软软的，我们抱着的时候都是小心翼翼的，更别说抱她出门走远路了。现在她脖子有劲儿了，我都开始憧憬将她用背带挂在胸前一起去旅行的美好生活了。将这个念头跟老公一说，他也很兴奋，不过还是觉得应该等一等，等孩子再长大一些才好。

儿科专家的话

在宝宝的脐痂脱落后，就可以让宝宝清醒时俯趴，以锻炼他的颈部肌肉。一般在3个月后宝宝就能独自将头竖起。如果要带宝宝外出旅行，要尽可能确保宝宝的正常生活规律不被打乱。

亲哪儿别亲嘴，
咳嗽喷嚏别对脸

萌宝小卡

昵称：添添

性别：男

年龄：5 个月

出生体重：3.9 kg

宝妈小卡

姓名：文女士

职业：家庭主妇

年龄：32 岁

分娩方式：顺产

焦虑指数：★★★★

焦虑关键词： 亲嘴　嚼碎喂食　EB 病毒

　　文女士结婚已经 6 年了，和丈夫最大的心愿就是要一个宝宝。一直等到 2011 年秋天才终于喜得一子，取名添添。添添的出生，让一家人如获至宝，捧在手心怕摔，含在嘴里怕化，百般呵护，万般宠爱。但三天前，添添突然发起高烧，打针吃药全不见效。眼看宝宝受罪，全家人却一筹莫展。

　　文女士带宝宝来到安徽省立儿童医院，经仔细检查，发现宝宝患的是一种特殊的疾病—"接吻病"。"接吻病"学名为传染性单核细胞增多症，是由 EB 病毒引起的急性自限性传染病，主要因亲密接触，如接吻、分享食物或咳嗽而传染，通常通过飞沫传播。

之所以诊断孩子得"接吻病"，是因为医生看到了孩子家长的一个"小动作"。当时孩子有些哭闹，孩子的爷爷奶奶就一直用亲孩子嘴的方式来安抚他。医生一问才知道，文女士一家四五口人平时逗孩子都喜欢亲他的小嘴，而且还喜欢把鸡肉、鱼肉之类嚼碎了喂他，什么都想让他吃一口，不知道怎么疼他才好了。

经过对症治疗，添添的高烧终于得到了控制，文女士安心了不少。经过这次教训，文女士后悔之前的疏忽，和家里人来了一次开诚布公的谈话，希望大家再也不要亲吻宝宝的小嘴，更不要嚼碎了东西喂宝宝吃，宝宝还小，更易被病菌侵蚀。为了宝宝的身心健康，即便是至亲，也不能这样不讲卫生地亲昵，应防患于未然。

儿科专家的话

和宝宝嘴对嘴亲吻，嚼碎东西喂宝宝，都是很不科学的育儿陋习。爸爸妈妈应该不要让任何人直接用嘴唇亲吻宝宝，也不要和别的宝宝共用餐具。在家里别的人患呼吸道疾病时，要戴口罩以防止宝宝被感染。所有家庭成员都要养成勤洗手的好习惯。

积痰色变

昵称：宝宝

性别：男

年龄：7个月

出生体重：3.1kg

姓名：宝妈

职业：全职主妇

年龄：27岁

分娩方式：顺产

焦虑指数：★ ★ ★ ★

焦虑关键词： 呛奶　积痰　打呼噜

　　宝宝出了月子开始呛奶，喉咙里面整天呼噜呼噜地响，睡觉也会打呼。喝奶时感觉他鼻子塞了，喉咙里的声音特别大。去看医生，说是大一些会好，可是到现在也没有改善。

　　到了第二个月，总觉得宝宝嘴里有痰似的，有时候还咳嗽几下，好像想把嘴里的东西咳出来似的，却咳不出什么。睡觉时鼻子里呼呼的，呼吸也不太顺，就像大人感冒或者得了鼻炎似的。看见他老是很辛苦的样子，我心痛死了，喂了好几天猴枣散也没有好。去医院住院一个礼拜，还是没见好，就出院了。又跑别家医院去看，医生开了点儿药回来吃，依旧没有效果。现在我神经都衰弱了，每每听见宝宝喉咙里呼噜呼噜响，就很着急，脾气也越来越不好。

就因为这个，老公家里人都怪我，说我不会照顾孩子，总是让孩子生病。然后他们又说孩子体质不好，不能去外面受刺激，除去跑医院，孩子根本就没有出门过。我算是被孩子积痰整怕了，查了查育儿百科类的书，上面说小孩子前两个月积痰是正常的现象，只要多出门让孩子的呼吸道黏膜得到锻炼，多多呼吸新鲜空气，以后就会慢慢好起来。但是等我将这个理论告诉他家里人时，他们那个鄙视啊，意思是说人家说的是正常孩子，我孙子这是体质差，住医院都住了三四回了，还不是呼吸道感染引起的？而且书上说的，我也没有十足的信心，毕竟孩子住院、吃药，那样遭罪我恨不能自己替代，现在要说这种积痰现象是正常的，连我自己都不太自信了。是不是我关心则乱呢？

儿科专家的话

小月龄宝宝的鼻黏膜毛细血管丰富，在上呼吸道感染时易充血，分泌物多，导致宝宝鼻塞严重，鼻涕倒流黏附在咽部，呼吸时喉咙里呼噜呼噜响。有时宝宝吃奶后还会吐奶，呕吐物中也有黏痰。如果宝宝鼻塞严重影响他吃奶，可以在哺乳前用仿生理盐水鼻喷剂喷鼻，宝宝有时会打喷嚏排出黏涕，缓解鼻塞。如果宝宝喉咙有呼噜声，可以空心掌拍背帮助黏痰排出。

哭是你唯一的语言，
妈妈却读出了不同意思

萌宝小卡

昵称：妞妞

性别：女

年龄：8 个月

出生体重：2.8 kg

宝妈小卡

姓名：妞妞妈

职业：幼儿教师

年龄：29 岁

分娩方式：顺产

焦虑指数：★ ★ ★

焦虑关键词： 哭语　受惊

　　我家这个小家伙除了用哭声表达他的不满情绪外，便和我再无其他沟通方式了。饿了哭，累了哭，困了也哭。看来要搞清宝贝的语言表达方式，安抚宝宝的不满情绪，也是一门功课啊！不过经过长时间对宝贝的陪伴，加上对宝贝哭时的仔细观察，现在我已经能知道宝贝为什么而哭了，所以也就在宝宝哭闹的时候更有耐心了。

　　第一种哭声是宝宝饥饿的时候发出来的。这种哭声刚开始又大又急，似乎发生了很重要的事情，接着却无力起来。首先我们用排除法，确认宝宝的尿不湿是干的，宝宝身体也没有其他毛病，只是有一段时间没有喂奶了，那不用说宝贝一定是饿了。她大哭几声之后又小声哭，那是在告诉我："我饿了，快点儿喂奶。"

第二种哭是宝宝突然受惊，被吓到了的时候。突然之间的巨大声响会给小宝宝造成惊吓，有时甚至是大人说话的声音过大都会吓到小家伙。我家宝宝有时候就会被我老公冷不丁的一声咳嗽吓得手舞足蹈。我家宝宝基本上不会被吓得大哭，就算哭也只是突然大哭几声。

第三种哭，就是宝宝生病了的时候突然大哭大闹，在我们排除了其他原因的情况下，不是尿湿了，也不是饿了渴了，但就是不停地哭闹，而且不管怎么哄都不管用，这时候我们就要考虑宝宝是不是哪儿不舒服了。因为难受才哭，孩子也只能用哭声来表达自己的不舒服了。

第四种哭就是宝宝累了要睡觉啦。随着时间的流逝，宝贝一天天长大了，不再像以前那么好带了。渐渐地睡前也要闹闹人，要哄哄才肯睡。不过我家妞妞还算乖的，闹人的次数不多而且基本上哄哄就睡了。

这些都是我根据我家妞妞的表现总结的。也许每一个小宝贝都有自己的独特个性，那么哭的语言也会有不同的表达。但是细心的妈妈总会破译自己亲亲宝贝的"哭语"，这是妈妈们与生俱来的能力。

儿科专家的话

　　仔细体会宝宝不同的哭声，妈妈会分辨出宝宝什么时候想要人抱，什么时候需要照顾。妈妈甚至可以从宝宝的哭泣方式，判断他的特殊需求。在宝宝刚出生的几个月内，解决他哭闹问题最好的办法是迅速回应，首先解决他最迫切的需求。这就需要妈妈们根据自家宝宝的哭声，来判断宝宝是饿了，冷了，还是要换尿布了。

PART 5

宝贝出生第三个月

妈妈紧箍咒

🌷 如果在孕期被太过激烈的声音长时间刺激，会导致孩子得多动症吧？

🌷 不管是什么东西，宝宝抓在手里就往嘴巴里送。

🌷 胖，胖，胖，都说孩子要胖，难道胖就代表了健康？

🌷 最要命的是他居然对青霉素、头孢都过敏，简直令我崩溃。

🌷 坚决让动物远离，寄生虫太可怕了。

🌷 给宝宝剃光头是一项技术活，尤其是宝宝的囟门还没闭合的情况下。

🌷 每天上班的时候都在思念孩子，不知道宝宝和阿姨处得怎么样。

这么嗨，不会是多动症吧

萌宝小卡

昵称：宝宝

性别：女

年龄：3 个月

出生体重：3.4 kg

宝妈小卡

姓名：宝妈

职业：音乐教师

年龄：32

分娩方式：顺产

焦虑指数：★ ★ ★

焦虑关键词：手舞足蹈　多动症

宝宝 3 个月了，十分活泼，还十分爱笑，一逗她，她就笑得有点儿喘不过气来那种感觉，张开的嘴巴里都能看见小舌在颤。而且只要是抱着她，那就绝对要跟她互动，一分一秒都不能忽视她，不然她就左动右动，总之就是不让你老老实实地站一会儿或是坐一会儿。

每天宝宝醒着的时候，都是手舞足蹈的，一刻也停不下来，特别是那双小腿，每天不停地动，而且还很大力。怀孕的时候，肚皮上经常被她的小脚丫一端一个包包，那时候还说孩子真是活泼。因为我们是开琴行的，所以每天都在很吵的环境中，比如架子鼓之类的乐器的声音，也不知道是不是孕期被太过激烈的音乐刺激的，导致宝宝现在有点儿多动症的症状。

现在她这么小，不会说话也不会走，打不得，说她也听不懂。都说剖宫产的孩子淘得很，可这顺产的咋也这样啊？等到她会走会跑了那还得了？

儿科专家的话

3个月左右的宝宝日间醒来的时间较以前长，他会经常牙牙学语，会长时间发出奇怪的声音，会被别人逗笑，喜欢和其他人讲话，玩游戏，玩的时候四肢动作可能较多，还会去模仿一些动作和面部表情。这些都是正常的发育过程，不能因此认为宝宝有多动症。

口腔敏感期，
让人抓狂地用嘴巴探索世界

焦虑指数：★ ★

焦虑关键词： 用嘴巴探索世界　　口腔敏感期

　　我发现我家宝宝的好奇心十分强，现在他能盯着他的婴儿车上悬挂的小鸭子、彩色球和铃铛什么的，脖子使劲地往后仰。如果把玩具给他的话，他就毫不犹豫地往嘴巴里送。他的周围就不能放一些小的硬的东西，因为不管是什么东西，他抓在手里就往嘴巴里送。我和宝爸有时会笑称小宝是用嘴巴来探索世界。专业点儿说，孩子有这种表现是因处于口腔敏感期。现代生活中离不开手机和平板电脑，以前，我们都在床头给手机和平板电脑充电，充完以后，顺手拔了，充电线就掉在床上。有一次，我将小宝放在床正中让他自己躺着玩，去另外一间房拿东西，回来一看，可把我吓得半死，小宝不知怎么的小手抓住了充电线，扯啊扯的，正要往嘴巴里送。我赶紧冲上去，拿了下来。当天晚上，我跟老公说了这事，他也后怕不已，从那天起，我们再也不敢在床头充电了。

除了宝宝喜欢用嘴尝这一点，我还发现他乌溜溜的大眼睛对光非常敏感。有时候傍晚我们抱着他出去遛弯的时候，发现他对人家店铺前面的霓虹灯箱特别感兴趣。就算我们走过去了，他还扭过头来盯着不放。好吧，天大地大，没有陪我的宝宝探索世界大。于是傍晚的小区底商前，经常能看到一个胖妈咪抱着一个圆墩墩的胖小子，流连在各家门前的灯箱和鲜艳的海报前。有时候我还会点着色彩鲜明的漂亮海报，嘴巴里喷喷有声，这个时候宝宝就显得特别兴奋，小腿蹬啊蹬的。随着他月龄越来越大，他还会发出简单的表示惊奇的音节来附和，那个样子别提多逗了。

儿科专家的话

在宝宝4个月时，他可以自如地将有趣的东西送进嘴里，依靠咬来感知他感兴趣的一切东西。这个时期，宝宝的视力范围已经扩大到几米，直到7个月左右，他的视力基本接近成熟，双眼开始慢慢追踪移动物体，但是不建议宝宝长时间注视光源。4月龄的宝宝，开始留意大人的讲话方式及发出的每个音节。他会仔细看着你，听你的发音，发出的声音会时高时低。爸爸妈妈及其他家庭成员每天可以和他多说话来鼓励他。

"胖而健"的攀比

萌宝小卡

昵称：依依

性别：女

年龄：9个月

出生体重：3.4 kg

宝妈小卡

姓名：依依妈

职业：全职主妇

年龄：28 岁

分娩方式：剖宫产

焦虑指数：★ ★ ★

焦虑关键词： 奶水不足　添加奶粉

　　我们家依依和小姑子的孩子差了两个月，小姑子的孩子大，而且因为奶水足，那孩子两三个月的时候，胳膊腿就跟胖藕似的，脸蛋儿胖嘟嘟的，肉都垂了下来。那孩子生下来就七斤多，我们家依依生下来才六斤多，就这一点，婆婆就总是念叨，说我在怀孕的时候挑嘴，不注意营养，导致宝宝长得不够结实。

　　现在我们家宝宝满3个月了，用我婆婆的话说，比她表姐差远了，除了头大，身上哪里也看不出胖娃娃的影子来。说小孩子就该胖胖的，那样身体才结实。说得我很心烦，也很委屈。而且就算我的乳汁没有小姑子的多，依依每次吃的时间很长，可也没见她哭闹啊。最最重要的是，依依每天都便便一次，每次的量还不少，这些难道还不能证明依依没饿肚子？

不仅仅是依依奶奶，身边亲戚也总是说我奶水不足，要给依依增加奶粉，不然就长不胖！胖，胖，胖，都说孩子要胖，难道胖就代表了健康？还是因为有依依表姐的先例，所以我们就要以她为标准？小孩子吃得胖，是囤积的脂肪多吧？什么时候脂肪和健康联系在一起了？小姑子很能吃，饭量大不说，还喜欢喝汤吃肉，乳汁很稠。有几次她喂完孩子还有好多剩的，婆婆把我们家依依抱过去吃，没过两分钟，依依就放开奶头不吃了。说是奶水足，营养高，只吃两分钟就能饱肚，这也成了我奶水不足、不够吃的证据。

儿科专家的话

在孩子6个月大之前，母乳和配方奶始终是宝宝主要的营养来源。对于纯母乳喂养的宝宝，检测他是否吃饱的最佳方法是看他的生长是否正常。每次带宝宝去体检的时候，医生都会给宝宝测量身高、体重、头围，爸爸妈妈可以根据这些测量数据绘制出宝宝的生长曲线图，只要宝宝的身高、体重、头围曲线和标准曲度接近，都属于正常发育。老辈人总是担心宝宝营养不够，认为胖嘟嘟才是好的，其实大部分宝宝都不会营养不良，瘦可能只是因为遗传或者个人体质造成的。所以不要去羡慕别人家的胖宝宝，相反，一些宝宝超重成了普遍现象。对于正处在快速发育期的婴幼儿，肥胖对孩子全身各组织器官都会造成过大的压力，进而引发成年后各种急慢性疾病。

感冒，如临大敌

昵称：Louis

性别：男

年龄：8 个月

出生体重：3.8 kg

姓名：墨墨

职业：翻译

年龄：29 岁

分娩方式：顺产

焦虑指数：★ ★ ★

焦虑关键词： 流鼻涕　打喷嚏　插管吸痰　青霉素过敏

　　我家宝贝 Louis 前两天有点儿流鼻涕和打喷嚏，当时我就在想千万不要咳嗽，因为 Louis 在 3 个多月的时候因为感冒没有及时治疗引发了毛细支气管炎。在医院住了 10 天，花了我们 7000 多元，花钱不说小孩还遭罪，每天要去插管吸痰三次，还要打针，大人跟着也不能很好地休息。因为打的是吊瓶，怕他伸手去抓头上的针头，所以需要我 24 小时看护着，就连晚上睡觉都是抓着他的小手，趴床沿上凑合睡一下的。宝他爸又出差了，只有我自己照顾孩子。还好我妈和婆婆公公会来医院给我送饭，他们下班过来帮我看护一下宝宝，就这个时间，我才能吃饭，顺带着休息一下。临近出院的时候，宝宝又在医院感染了肠炎，我真的要疯了。最要命的是他居然对青霉素、头孢都过敏，简直令我崩溃。后来和家人商量，还是出院吧，宝宝对抗生素过敏，住院的意义也不大了，回家慢慢调理。

回家后听朋友说中医院有一位儿科医生非常棒，建议我们去看看，又经朋友介绍搞了一张那位医生的黄牛票，120块大洋呀，真心贵，但是没有办法，为了 Louis 早点儿好起来，不管怎样，这钱都是要花的。医生开的药倒不贵，才 20 元左右的颗粒药，不过中药苦呀，没办法，强制喂。

前前后后可把我折腾得不轻，后来我在网上看到有人说小儿推拿对治疗感冒效果很不错，想着这个方法可以试试，立马开始学习，找资料，然后对照着给 Louis 按摩，力度、时间都是摸索着来，感觉还是有效果的。照顾他，我有的是时间和耐心，就这样摸索着力道和方法，让他感觉舒服，可以一整天在他醒着的时候给他推拿。就这样，我发觉 Louis 的咳嗽、流鼻涕和鼻塞居然好了许多，这算不算是按摩的功效呢？

儿科专家的话

防止宝宝发生呼吸道感染的最好办法就是让他远离那些引发疾病的病毒，特别是在婴儿期，应该让他尽量避免接触患有早期呼吸系统疾病的孩子或成年人。如果宝宝已经患上呼吸道感染，爸爸妈妈能做的就是减轻宝宝的感冒症状，可以用生理盐水滴鼻液来减轻宝宝的鼻塞症状。如果宝宝已经出现了呼吸急促、烦躁、不肯进食等症状，一定要寻求儿科医生的帮助。关于是否可以用中医推拿的办法减轻患儿感冒症状，妈妈可以咨询请教中医医师。

动物，请远离

焦虑指数： ★ ★ ★ ★

焦虑关键词： 动物弓形体病　　寄生虫

　　怀朵朵的时候，我家的爱犬松狮小贝被送到了孩子奶奶家，说是孕妇不能接触猫狗一类的小动物。我查了一下，主要是为了预防弓形体病，这是一种全球性分布的常见寄生虫病，孕妇之所以不能与猫、狗、猪等动物接触，是因为医学专家调查发现，这类动物身上带有弓形虫，与之接触的孕妇容易患隐性弓形体病，生下畸形儿。

　　当时看到这个的时候，吓得我手足都冰冷了，那时候我才怀孕 3 个月，小贝一直陪着我，带给了我不少的欢乐。我都纠结那时候要不要终止妊娠了，咨询了一下医生，最后说是把小贝送走就行。主要是我们养小贝的时候，什么预防针啊、驱虫措施啊都做得很好。但是后期我们可不敢冒险了，赶紧将小贝送去婆婆家。

生了朵朵后快到 4 个月的时候，我妈因为家里有事要回去，婆婆过来帮着带孩子。但婆婆家里除了我家的小贝外，还有她自己养的一只京巴。婆婆是很爱狗的一个人，来的时候，将两条狗都带来了。我还是有些不放心，但婆婆说朵朵都 4 个月了，没关系。加上我的产假也要结束了，也实在需要有一个人帮我带孩子，就没怎么和她争辩这个问题。

上班后，有一天我回家，发现婆婆推着婴儿车带朵朵出来逛弯，两只狗狗也跟着。到最后，婆婆居然将松狮和京巴一起放在婴儿车里，和朵朵一起坐车，推着它们回家！我差点儿晕倒！都是长毛狗，不说有没有寄生虫，光是那毛弄到朵朵的口腔、鼻腔里都是要人命啊！为了这事，那天我和婆婆吵了一架。老公回来后，也觉得这样把狗和孩子放一起不安全，总之最后，婆婆带着她的狗回去了，我又请了好几天的假，一直等到我妈妈来帮我带孩子才上班。不过这次的事件给我留下了很大的阴影，不知道朵朵会不会因为这段时间和狗狗们过度亲密，染上什么查不出来的病。我真是后悔啊！

儿科专家的话

如果爸爸妈妈想让宠物成为宝宝的朋友，一定要等到宝宝足够懂事并且可以照顾宠物时，一般来说要到 5 ~ 6 岁。太小的宝宝还没有能力区分宠物和玩具，所以可能戏弄或者不好好对待宠物，不经意被宠物咬伤。另外一定要注意：选择温顺的宠物，不能将宠物单独与宝宝留在一起；确保所有的宠物都接种了狂犬疫苗；家中的宠物要避免与野生动物接触，因为野生动物易携带很多病菌。

拒做"光头佬"

萌宝小卡

昵称：宝宝

性别：男

年龄：5 个月

出生体重：3.2kg

宝妈小卡

姓名：宝妈

职业：会计

年龄：30 岁

分娩方式：顺产

焦虑指数： ★ ★

焦虑关键词： 剃光头　囟门　头皮垢

　　很多地方都有剃"满月头"的习俗，认为给宝宝多剃几次光头可以让头发长得更好。我觉得宝宝满月不该剃光头，剃光头并不会让头发长得更好、更密。要使宝宝的头发好，从怀孕开始，妈妈就要注意营养；宝宝吸收这些营养物质后，头发自然长得好，而不是说多剃几次光头就能解决的。

　　再有就是给宝宝剃光头是一项技术活，尤其是宝宝的囟门还没闭合，拿推子在他小小的脑袋上推来推去的时候，我的心都要提到嗓子眼儿了。在此之前，他粗心的老爸用电动剃须刀动手，还真不小心给宝宝划破了皮，我那个心疼啊，生怕他碰水之后引起感染，连着一个星期不敢给他洗头，只能用温热的湿毛巾擦擦。

去理发店就更不放心了。出了月子后，家里老人说应该给孩子理个光头了，去理发店一看，好家伙，理发师都是嫩小伙，那剪刀飞舞得叫一个利索，我可没那样的胆量敢让他们在宝宝的头上动刀子。而且，最重要的是，他们那些剪刀啊、推子什么的，给那么多人用过，都没消毒啊。

反正从这以后，一直到宝宝4个月，我们都没有给宝宝剃过光头。我侄子满月就剃了光头，眉毛也剃光了，但是长出来还是黄黄的头发，而且后来也剃过好几次光头，也没见他长出好头发来。不过在我们这里剃胎头是地方习俗，所以一开始遵循了，那时候也是考虑到胎儿头上的头皮垢很多，不好洗不得已才剃的。现在我们宝宝的小脑门儿上干干净净的，我们自然要拒做"光头佬"了。

儿科专家的话

需不需要剃胎头，要看宝宝胎发的长短及当时的季节、气温情况。如果天气凉爽或者比较寒冷，宝宝的胎发比较稀薄，则可以再等等，平时注意洗头保持干净。如果天气炎热，宝宝头发浓密，又比较多汗的话，可以剃发。宝宝第一次理发，可以在家里进行也可以在理发店进行。如果在理发店理发，一定要求理发师用婴儿专用理发工具，并且理发工具要严格消毒。在家里理发也要用婴儿专用理发工具并消毒，最好是在宝宝睡眠时进行，动作要轻柔。如果宝宝醒来不高兴了就停止。理发过程中也可以不断和宝宝交流，分散他的注意力，让宝宝尽可能配合。

宝贝，在上班的路上就开始想你了

焦虑指数：★ ★ ★ ★

焦虑关键词： 辞职　想念孩子

　　我一直算是个要强的女子，怀孕时坚持到预产期才休假；生产时宝宝8斤2两，我依然咬牙顺产。月子里，我一直坚持纯母乳喂养，也没有请人给我开奶，乳房疼得不行，扎心的疼也咬牙挺过来了。

　　出了月子，婆婆来照顾，一日三餐做了之后，她就什么也不管了。孩子也没管过多少，顶多是抱着逗一会儿。

　　由于年后我的产假就要结束了，得恢复上班，为了孩子谁看管的问题和婆家商量不妥，最后决定雇人看宝，那人还算是熟人介绍的。

现在我上班一个月了，宝宝和阿姨单独在家也一个月了，我觉得这个月好漫长，每天上班的时候都在思念孩子。不知道宝宝和阿姨处得怎么样，但是担心也没有用啊，我总不能辞职做全职妈妈吧？条件不允许。好在孩子已经和阿姨熟悉了，我白天上班的时候，她们在家处得不错。但是，我仍然忍不住想念我的孩子，一直都在犹豫，总觉得现在的选择，每一天每一刻都对不起孩子，她还那么小，我就将她扔给外人看管。

就这样，我的心里总是七上八下的。上班路上要一个半小时，白天在公司里还要用吸奶器吸奶，下班回家就赶紧抱孩子，晚上还要起来两三次给宝喂奶。就算这么辛苦，我还是觉得对不起她。

我无数次想，如果这个阿姨不干了，我就辞职在家看孩子。但是我也知道，自己一个人看宝肯定很辛苦。每天我都顾不上吃饭、收拾屋子，因为在我上班之前，一直是我自己在家看宝。更别说经济上就靠我老公一个人了，经济压力太大。我也考虑着以后孩子大了，我失业了，因为经济上的问题，再产生家庭矛盾，说不好还真能离婚了，现在就吵个不停。所以我还是这么每天奔波上班，但是心里无时无刻不在想念孩子，觉得我就是为了我的孩子活着的，动不动就大哭一场。

儿科专家的话

　　上文中的妈妈所讲述的情形几乎是所有职场妈妈都会经历的，从孩子成长的角度来说，理想状况下自然是要妈妈一直陪伴和看护。但是还有家庭环境、社会因素的影响，所以这个时候职场妈妈就不得不艰难地做出选择。文中的妈妈坚持哺乳，尽可能增加陪伴宝宝的时间，这样做很好，并且随着宝宝长大，她也会意识到妈妈只是离开一段时间，过一阵子就会回来，并接受了妈妈离开、回来这样一个规律性变化，所以新手妈妈不必过于担心。

PART 6

宝贝出生第四个月

妈妈心情表情帝版
——折腾时间到

手指甜吗？妈妈尝尝！

吃得香，长得壮，一个月30天，天天不重样！

妈妈紧箍咒

🌸 不好好睡觉，非要妈妈抱着搂着才睡，感觉是全天候地伺候这个"小大爷"了。

🌸 她不仅喜欢吮手指，还喜欢用手到处划拉，那可都是细菌啊！

🌸 宝宝得了结膜炎，眼睛又红又肿，还经常用小手揉眼睛。

🌸 宝宝自己翻身时却只会向一边翻，另一边怎么也翻不过去。

拳打脚踢，左顾右盼，给妈妈做特训

萌宝小卡

昵称：宝宝

性别：男

年龄：4个半月

出生体重：3.4kg

宝妈小卡

姓名：宝妈

职业：家庭主妇

年龄：28岁

分娩方式：顺产

焦虑指数：★ ★

焦虑关键词： 淘气　厌奶期

　　宝宝4个半月了，变得越来越淘气，不喜欢吃奶了，要么就是一边吃一边玩，喝两口就不喝了，在那里动来动去，奶水喷溅出来，弄得他满脸奶水，就是不好好吃。我怀疑他现在是在厌奶期，好吧，不勉强他喝了，我就喂米粉。

　　现在他也不好好睡觉，非要妈妈抱着搂着才睡，弄得我什么事情也干不了，感觉是全天候地伺候这个"小大爷"了。更让我抓狂的是，给他把尿他偏不尿，一抱起来把尿就哭，挣扎着打挺，力气还忒大，不抓稳了很可能就掉到地上去。给他裹好尿布穿好棉裤，不一会儿就尿在尿布上，还会把棉裤尿湿，气得我恨不得打他的小屁屁。宝宝你怎么就不知道心疼妈妈呢？妈妈在家要照顾你，还要做饭，洗衣服，打扫卫生，妈妈也会很累的啊！

宝宝晚上睡觉也没有一次老实的，一会儿摇摇头，一会儿边摆头边踢腿，将两个脚丫举起来，一手抓一个要往嘴巴里送，感觉这是在练体操的节奏。被子早就被他蹬到一边去了。怕他着凉，不停地给他盖被子！有时候我实在困得不行了，迷迷糊糊先睡了，突然醒来，就发现小家伙的两条腿露在外面，一摸冰凉！吓得我整天提心吊胆，生怕他会感冒。

儿科专家的话

随着宝宝的逐渐长大，他在语言、认知、动作、情感方面都会较刚出生时有很大的进步。他开始大笑，牙牙学语。偶尔也会淘气，如吃奶时不好好吃要跟你说话，睡觉非得要抱着睡。爸爸妈妈要知道养育孩子并没有完美公式可遵循，在饮食、睡眠习惯上每个孩子都有个体差异，有差异并不能说明你的育儿方式是错误的。新手爸妈在宝宝出生的头几年会逐渐了解孩子的性格特质，找到正确的育儿方向。关于把尿的问题，文中的妈妈过早地训练宝宝，给他把尿，是非常不恰当的。一般来说，在宝宝接近十八个月大时可以学习上厕所，要让孩子顺其自然慢慢适应、学会。关于宝宝睡觉踢被子，可能是宝宝感觉到太热，其实妈妈可以给宝宝穿上厚度适中的长袖睡衣睡裤或者睡袋后，不必再给宝宝盖被子，宝宝睡觉时最好穿着纸尿裤，这样整晚都会睡得比较踏实，妈妈也可以好好休息。

幻想成为辅食大厨的妈妈

萌宝小卡

昵称：小威廉

性别：男

年龄：4个半月

出生体重：3.8kg

宝妈小卡

姓名：凯莉

职业：公关外贸

年龄：28岁

分娩方式：顺产

焦虑指数：★ ★ ★

焦虑关键词： 添加辅食　米糊　果泥

我家小威廉越来越萌了，现在已经4个多月了，据说宝宝4～6个月时是添加辅食的最佳时间，太早添加可能会对健康不利。辅食的添加我是根据"逐量添加、由少到多、由稀到稠、由淡到浓"的原则来进行的。当然，一开始，他对辅食还没那么喜爱，一喂进去，他就用舌头顶出来。那我也不强迫他，等他玩耍的时候，不经意就往他嘴巴里塞一口，他也会吃下去。就这样，我极有耐心地和他周旋，他总会吃进去几口，实在不想吃了，再给他喂奶，总之是一定要让他吃饱。

为了让小威廉吃得好，吃得香，长得壮，我可是使出了浑身解数，研究各种婴儿辅食，幻想自己成为权威的辅食大厨。

宝宝的辅食第一名，米糊当仁不让——婴儿营养米糊，做起来也简单，而且营养很丰富。

大米小米混合成半碗，南瓜少许，南瓜切片和淘好的米一起下锅用小火煮熟，直接用料理棒放锅里慢速打成米糊即可食用。

第二种米糊的做法，南瓜大约半斤，半个胡萝卜，土豆一个，黄油20克左右，冰糖适量，盐1克。把所有食材都切片，尽量小一点儿，容易熟，把黄油放锅里开小火融化，将所有食材倒入慢慢翻炒，一会儿就能闻到黄油的香味了，这时用料理杯量出1000ml水倒入，一直用小火把食材煮软。煮软之后放料理杯里打成糊，重新倒入锅里加热，把奶油倒入大约半盒，慢慢煮到浓稠加入冰糖，再放1克盐，提升一下口感。我想再做得漂亮一点儿的话，就会做一个拉花，这个也很简单，将少许奶油放入无水无油的料理杯，放一点儿糖搅拌30秒，将南瓜粥盛入杯子里，震两下去掉气泡，把奶油往杯子里滴5滴。用烧烤用的竹签从圆形中间刮过去就行了，非常简单。

儿科专家的话

宝宝6个月大时，可以添加辅食了，添加辅食的原则是：从一种到多种，从稀到稠，从少量到多量。如果添加某种辅食后，宝宝出现不适，要立即停止。不要用奶瓶喂食流质、半流质辅食。也不能用辅食替代配方奶粉或者母乳。一般宝宝首先添加的辅食最好是含铁丰富的米粉，市面上有售，也有的妈妈自制米糊或者果泥，文中的妈妈做南瓜糊有如下不当之处：两岁内的宝宝辅食内不要添加冰糖，1岁以内不要添加盐和黄油。

吮手指和不许吮手指的拉锯战

萌宝小卡

昵称：安妮

性别：女

年龄：1岁半

出生体重：3.5kg

宝妈小卡

姓名：妮妮妈

职业：教师

年龄：29岁

分娩方式：顺产

焦虑指数： ★★

焦虑关键词： 吃手指　口腔敏感器

　　宝宝在3个月的时候就很喜欢"吃手指"，一直到1岁。在宝宝的口腔敏感期，我的打算是必须保证在东西消毒之后才给她任意咬，我家安妮啥都喜欢咬，抓到什么咬什么，只要我事先做好了消毒工作，一般都会给她咬。我觉得孩子最开始都是用嘴认识世界，在敏感期给了她很好的探索机会，会对心理发育有很大的帮助，并且对智力方面更有帮助，同时抓到东西就咬也满足了她的好奇心理。

　　宝宝对自己的手和脚丫子啃得特别厉害，还有就是我和她爸的胳膊，只要逮到其中一样就没完没了地啃，啃得口水滴答的。我没事就给她勤擦手、勤擦脚，我和他爸也得经常洗洗胳膊，弄得我都觉得我们的胳膊比脸白。

本来这样也没什么，不过她不仅喜欢吮手指，还喜欢用手到处划拉，再怎么勤快地洗手，我心里还是对她手上可能滋生的细菌感到担心，尤其是最近给她剪指甲，发现有一些泥藏在指甲深处，不太好弄干净之后，这种担忧就更明显了。虽然我买了专门的牙胶，但她貌似不是很感冒。于是我就只好发动全家人来禁止宝宝吮手指。

无论是谁看着她，只要一看见她将手指往嘴巴里放，就立刻阻止，但她继续放，来回几次拉锯战，她就以为是我们逗她玩，也会很开心地笑。然而这种阻止次数却不能太多。安妮的耐性是有限的，当她发现你不是在跟她玩耍，而是要阻止她品尝"美味"的手指时，就会撅撅嘴巴，打算哭给你看！这个时候，我们赶紧拿咬咬胶、磨牙棒，或者各种小玩具来转移她的注意力，除非她玩累了睡着，否则这种对抗游戏会一直进行到底，那段时间，可把我们一家人累坏了。

儿科专家的话

宝宝吮手指这个习惯很常见，它有抚慰和镇静的作用，只有当吮手指持续时间过长，或者影响了宝宝的嘴形或牙齿的时候，爸爸妈妈才应该警惕。在四五岁之前，妈妈只要保证多给宝宝洗手，玩具定期消毒即可，不要强制他改掉这个习惯。

必须牢记的八字箴言：
"春捂秋冻、夏浴冬暖"

萌宝小卡

昵称：Daniel

性别：男

年龄：3岁

出生体重：3.4kg

宝妈小卡

姓名：澜澜

职业：教师

年龄：32

分娩方式：顺产

焦虑指数：★★

焦虑关键词： 春捂　秋冻　夏浴　冬暖

　　我给我的宝宝小 Daniel 提高免疫力的一个方法就是根据这个"春捂秋冻"来的，提高免疫力的方法最根本的当然是运动，我给 Daniel 选择的是：游泳！

　　"春捂"意思就是春天天气刚开始转暖，不要急着减衣，因为容易受凉！所以我安排 Daniel 开始游泳的时间在 5 月份，因为那时广州已经进入夏天，气温已经比较高了，不容易受凉！游泳时间会安排在下午 4:30，每次游泳时间约 1 小时。

"秋冻"意思就是秋天天气刚刚开始有凉意了，但也不要急着马上给孩子穿太多的衣服！所以一般 Daniel 游泳结束的时间会在 10 月底。游泳时间大概在下午 4:00，每次游泳时间约 45 分钟。

Daniel 一直很健康活泼，在很小的时候，我就带着他去婴儿游泳馆，让他畅享游泳的乐趣。原本家里的老人帮着带的时候，总喜欢给他里三层外三层地包着，好像是觉得婴儿会很怕冷，生怕他冻着似的，不过后来出了一件事，终于让他们改变了观念：Daniel 的小表弟被家里的老人宠上了天，也不管外面的天气怎样，那孩子总是里面小袄外面大袄地包裹着，结果那小孩三天两天地感冒发烧，成了医院的常客。医生责备他们不该把孩子捂出毛病来。我总是拿这个例子劝说，家里老人总算是听进去了一些。不过老人常说的"春捂秋冻"，我觉得是很有道理的，因为南方的春天来得早，冷热交替之间，小孩子突然穿得单薄了，很容易感冒，这也是春天里小孩子容易生病的原因。所以在春天，我从来不制止婆婆和我妈她们给 Daniel 穿暖的举动。

夏天就好打发了，Daniel 从月子里开始就喜欢洗澡，一般我们不开空调，给他穿薄薄的和尚领小衫，热了出汗了，就给他洗澡，当然比较麻烦的是要贴防水脐贴。秋天的时候，比较燥，虽然我觉得天气凉了，但家里的老人还是比较有经验的，大约也是 Daniel 表弟的情况点醒了他们，秋天的时候，我们会给 Daniel 里面穿薄衫，顶多将短袖换成长袖的，但绝对不会忙忙叨叨地就给他换上毛衣和小袄。

冬天最好打发了，一个原则，就是要保暖。这个时候我们不会频繁地给 Daniel 换衣服，即使他出汗了，也只是在他背上铺上干净柔软的小毛巾，定期更换，除非是在开了浴霸的浴房里，我们是不轻易给他洗澡换衣服的。

其实"春捂秋冻、夏浴冬暖"说起来麻烦，做起来却很容易，参照自己的感受就行，当然孩子更娇弱一些，照顾起来就需要更精细一些。我家 Daniel 就是这么照顾下来的，一岁以前都没怎么生病，很让我省心。

儿科专家的话

应该怎样给宝宝穿衣才合适？气温在 24℃以上时，穿一件单衣即可，当气温低于 24℃时，一岁以内的宝宝要比大人多穿一件，一岁以上的宝宝体温调节能力和大人基本一样，可以参照大人穿衣规律。三岁以上的宝宝可以自己表达冷暖，只要他不觉得冷，就没必要多穿，也可以摸摸他后背，如果是暖和的，身上也不出汗，说明衣服穿得合适。老辈人说的春捂秋冻只能说有一定的道理，但也要结合自家宝宝的实际情况来定。多运动的确可以强健宝宝的身体，可以选择宝宝喜欢的运动方式，多做点儿户外运动。

出眼屎 = 结膜炎？

焦虑指数：★ ★ ★ ★

焦虑关键词： 结膜炎　病毒性

　　记得宝宝在 4 个多月时得过一次结膜炎，那时是发现他眼睛不知道怎么了，又红又肿，而且他经常用小手揉眼睛，过了几天还是没有好转，就带他去看医生，才知得了结膜炎，而且还是病毒性的，说大概 1 周就会慢慢好，让我们不用担心，建议用温水轻轻清洗宝宝的眼睛，擦掉干了的分泌物，让宝宝的眼睛周围保持清洁。

　　我觉得既然是病毒性的结膜炎，那么护理起来，对卫生的要求肯定是极高的。因此在给宝宝擦眼药膏和滴眼药水的时候，先给他洗脸，然后我自己洗手，轻轻把宝宝的下眼睑扒开一点儿，沿着眼睑挤出一小段药膏。只要挤到合适的位置就可以了，宝宝一眨眼，药膏就能进到他眼睛里面去了。而眼药水就要滴在宝宝眼睛的内眼角。也得用手来辅助固定宝宝不让他乱动。还有就是给他勤清洗眼部：用柔软的纱布，为保证清洁，我都要先将纱布煮过，沾生理盐水或者凉开水轻轻擦拭宝宝眼睛上的分泌物，尤其是怕他交叉感染，左右眼各用一块纱布。

这次宝宝好了之后，我就对他出眼屎很警惕了，一般情况下，宝宝也会有眼屎，但不会那么黏，眼睛也不会发红，轻轻一洗，就能弄干净，他也不会频繁地去揉眼睛了。但如果我发现他出有眼屎，并且还能糊住眼睛，眼睑都睁不开时，我就知道八九不离十就是结膜炎了。看来只要留心观察，细心总结，关乎宝宝的健康，一点一滴都不放过，每个妈妈都有当医生的潜质。

儿科专家的话

如果宝宝的白眼球以及下眼睑内侧发红，就有可能是患了结膜炎，也称为红眼病，可能又痛又痒，这时必须要尽快看医生，医生会给宝宝开处方滴眼液和眼药膏，医生也一定会交代爸爸妈妈注意手部的卫生，在给宝宝的眼睛上药时要洗手，给宝宝擦分泌物用纸巾，如果宝宝在上幼儿园，一定要等到治好红眼病才让他上学。

翻滚吧，宝贝

昵称：宝宝

性别：女

年龄：7 个月

出生体重：3.2kg

姓名：宝妈

职业：幼儿教师

年龄：26 岁

分娩方式：顺产

焦虑指数：★★

焦虑关键词： 翻滚　摔下床

　　宝宝快满 5 个月的时候就会左右翻身，连续翻身。有同一个小区的妈妈问我怎么训练宝宝，我说我也是从育儿课程上学来的。我家宝宝腿脚有力，会翻身之前已经会抬腿了，让她平躺的时候，用手抓住她的一条大腿，往侧面带，她会借着这个力道，由腿带动腰，用力就彻底翻过去。然后我会发出很夸张的赞叹，逗得她咯咯直笑。下次，她就会自觉不自觉地自己试着翻身了。

　　不过，宝宝自己翻身时却只会向一边翻，另一边怎么也翻不过去，让她练习翻另一边时，她还不高兴，一点儿都不配合。自从学会翻身了她就不愿意平躺了，只要醒着的时候，就老是喜欢翻过来趴着，把头仰得高高的，真替她的小脖子担心啊。

　　宝宝会翻滚了，我们都很开心，也喜欢将她放在床上，逗她翻身。但是，接着麻烦就来了，因为她很喜欢翻滚，我们再也不能像从前那样将她放在床上，离开一会儿去做自己的事情。她这个样子随时都需要有大人看着。有一次，我刚离开一会儿，回来一看，发现她已经翻滚到床边，再动一下就掉下去了，可把我吓坏了！下次说什么都不敢离开她了，就算不得不离开一会儿，我也得找好几个大枕头给她做成"围城"，让她翻不出来。

儿科专家的话

　　在宝宝学会翻身后一定要防止她摔伤，看护人不能把她单独留在比地面高且没有护栏的任何地方，哪怕只有1秒钟，可以给她设置一个固定不动的活动中心，如放置爬行垫，四周放防护栏。爸爸妈妈一定不可以有侥幸心理，不可把宝宝放在床上用枕头当护栏。

PART 7

宝贝出生第五个月

妈妈紧箍咒

- 去医院输液，儿子的血管不太好找，总是要扎个两三次才能找着。
- 一见到穿白大褂的，宝宝就哭得声嘶力竭。
- 从出生就用尿不湿，宝宝的屁屁就很容易成为红屁屁？
- 宝宝大小便训练越早开始越好，聪明的宝宝不尿裤子？
- 他这样什么都用嘴尝，这是要逼疯妈妈的节奏啊。
- 只要健康就好，是胖是瘦有那么重要吗？
- 我看到单子上写的是肠套叠，要先去通肠子，一下就蒙了。

对于"白大褂"的恐惧

焦虑指数：★★★★

焦虑关键词： 打针　白大褂

　　也不知道是不是因为我第一次做妈妈，没有经验的原因，我感觉已经很小心地照顾宝宝了，可是从第三个月开始，儿子就时不时地感冒发烧，然后总是去医院；而一去医院，就是输液。几个月的小孩，输液都是在脑门儿上扎针，还得大人帮着护士按着孩子才能扎，偏偏儿子的血管不太好找，总是要扎个两三次才能找着。他哭得那叫一个撕心裂肺啊，让我的心揪成一团。

　　可能是打针打怕了，儿子才5个月，已经知道害怕去医院，害怕医生了。带他去医院体检的时候，一到医院那个环境，闻到那些药水味，以及见到走廊里时不时地有穿白大褂的医生和护士来来往往，儿子就开始大哭，扭着身子朝大门的方向倒，不管我们怎么哄都没用。

他 5 个月的时候我抱着去打预防针，其他孩子都哭了，我估计我的孩子会哭得更大声，总想着有没有办法可以不让他哭。于是我就把他要打针的地方用手指揉揉，开始轻轻揉，慢慢加重力道，再就是模仿打针的感觉，让他最大限度地承受这种痛感（如果看到他哼哼了，说明疼，他不愿意了，就赶紧放松一些），就这样反反复复，最后轮到他了，他的胳膊也被我揉红了。医生扎针，然后也逗他，他真的没有哭。后来我就一直用这种方法，他打针就再没哭过。

儿科专家的话

很多宝宝会在 3 个月左右时出现人生第一次感冒，家长不用过于担心，不要一感冒就去医院打吊针输液。家长需要做的一是预防，二是减轻感冒症状。感冒是通过呼吸道飞沫和手部接触等途径传播，当有人要抱孩子时，要求对方洗干净双手；如果家里成人出现感冒症状，更要勤洗手，咳嗽打喷嚏时捂住嘴，接触小孩最好戴上口罩；尽量让小孩远离人群，这样就可以降低接触到生病的人的概率。大部分婴幼儿的感冒都会比较轻微，鼻塞流涕咳嗽或者体温升高，让小婴儿最难受的是鼻塞，妈妈可以把生理盐水滴入孩子的鼻腔，帮他揉揉小鼻子，再用吸鼻器吸出鼻涕，缓解鼻塞症状。上文中的妈妈说宝宝会畏惧去医院，打针大哭，那是因为宝宝在 5 月龄左右可以表达他的情感了，把他带去医院这样陌生的环境，见到的医生也是陌生的，他有可能会出现短暂的焦虑。这个妈妈用转移注意力来缓解孩子的不安，做得很好。

湿热天里对于红屁屁的警惕

焦虑指数：★ ★ ★ ★

焦虑关键词：红屁屁

　　我家宝宝是8月份出生的，从一出生就用的是尿不湿。所以宝宝的屁屁很容易成为红屁屁。那时候作为新手妈妈我什么也不懂，只记得出院的时候医生开了两瓶复方紫草油，也不太了解怎么用！只看见说明书上写的是清热凉血、解毒止痛，用于轻度水火烫伤。后来宝宝的红屁屁实在是没办法治了，我打电话向医生咨询，这才知道复方紫草油就是用于治疗宝宝红屁屁的，还挺管用的。但是复方紫草油这种药，一般的药店不出售的。

　　平时宝宝红屁屁不太严重的时候，用的就是爽身粉，在宝宝皮肤的皱褶处擦爽身粉，可以保持干爽。用于治疗宝宝红屁屁的时候，也是很有效的。这个方法可是宝宝的外婆发现的，那天正好是周末，宝宝的外婆不上班，我把宝宝交给外婆带，也能轻轻松松地出去逛一天，结果回来之后听宝宝外婆说宝宝红屁屁很严重，就给用了爽身粉。刚开始我还埋怨为什么不用紫草油，那个可是屡试不爽的，隔天宝宝红屁屁真的好了很多。

后来，我还试了其他的方法，发现只要是有润肤效果的都会有效，只是相对于前面提到的两种方法，效果不那么明显。

儿科专家的话

红屁屁是尿布疹中最轻微的，主要出现在直接接触尿液和粪便的部位。它发生的原因主要是湿尿片或者有大便的尿布太久没换，时间一久，尿液自然分解产生的化学物质和粪便中含有的助消化物质都会刺激侵蚀皮肤，令皮肤发红或出疹。预防红屁屁最主要的方法是勤换尿布，减少皮肤与湿气的接触，婴儿大便后尽快更换尿布，每次大便后都要用柔软的毛巾和温水清洗尿布覆盖的区域。市面上所售婴儿用湿巾尽量少用，它可能会令皮肤更加敏感。妈妈也可以在给宝宝进行日光浴时，解开尿布，通风。要注意，不要让太阳直射到宝宝面部，尤其是眼睛要保护好（可以佩戴婴儿太阳镜）。一旦出现红屁屁，妈妈不必过于担心，可以用氧化锌软膏涂抹在红屁屁上，很多品牌的护臀霜都是以氧化锌为基础，添加了润肤的成分。不建议使用爽身粉。如果红屁屁在 72 小时内没有好转反而继续加重，请咨询儿科医生或皮肤科医生。

大小便训练越早越好?

焦虑指数：★★★

焦虑关键词： 把尿　叛逆

　　中国的传统观念认为，宝宝大小便训练越早开始越好，聪明的宝宝不尿裤子。宝宝的爷爷奶奶也是这么训练他们的小孙孙的，宝宝满月了之后，婆婆就说该给宝宝把尿了。她自己动手，每次把尿，宝宝尿了后，她就很兴奋地夸耀说："我大孙子最聪明了，这么小就不尿裤子啦。"我也没觉得这样训练有什么不好，毕竟按时把尿，宝宝不会尿湿裤子和褥子，省了不少事；再加上生宝宝是在夏天，也不怕他凉着，就随宝宝的奶奶折腾去了。

　　然而好景不长，宝宝越大越活泼，仿佛小脾气也见长了。给他把屎把尿还得看他高兴不高兴。都 5 个月大了，有时候拧着来，不管怎么"嘘嘘"，他都不肯配合，还要捣乱，一直在那里挣啊挣的。尤其是我上班以后，他奶奶在家一个人带他，这种情况更加明显。好几次我回来，宝他奶奶都抱怨，说是给宝宝把屎，他不肯拉，结果一穿好裤子放在床上他就拉了，弄得人光是给他收拾都忙不过来。

我也不知为什么小时候宝宝还能配合，越长大越叛逆，难道是说妈妈没有陪着他，一整天不见人影，他不高兴了？

儿科专家的话

不主张过早训练宝宝大小便。两岁以前，宝宝的神经发育未成熟，膀胱和直肠还不能由大脑控制，这种神经发育过程是不能人为加快的。排便训练并没有一个特定开始的年龄，多数儿童是在 24 ~ 28 个月学会控制大小便；女孩比男孩稍早，从开始训练到完成时间为 3 ~ 6 个月。有研究表明，在 18 个月龄前就训练大小便的孩子通常要到 4 岁之后才能完全掌握相关技能。相反，那些 2 岁左右才开始训练大小便的孩子在 1 年之内就可以独立大小便了。排便训练对于宝宝和爸爸妈妈来说都是挑战，只要掌握了正确的训练方法，爸爸妈妈给多点儿爱和耐心，宝宝终究会掌握这个技能，爸爸妈妈就不要纠结时间的早晚了。

什么都用嘴尝，
这是要逼疯妈妈的节奏

萌宝小卡

昵称：宝宝

性别：男

年龄：7个月

出生体重：4.1 kg

宝妈小卡

姓名：宝妈

职业：销售

年龄：32岁

分娩方式：剖宫产

焦虑指数：★★★★

焦虑关键词： 口欲期　吃手指

　　我家宝宝刚好5个月，口欲期最喜欢含自己的小手，不管是吃饱还是没吃饱，有事没事，都把自己的小手含在嘴里。一开始我不让含，他就哭。后来我见他含一次就轻轻打小手，可还是没有制止住他。为了宝宝的健康，无奈我只能每隔几个小时就拿毛巾给擦擦小手。他现在除了含自己的小手，看到什么东西都会抓着送到自己的嘴里吃！

　　我问别的妈妈，发现大家的孩子都是这样，于是我也就不再强迫他不吃手指了，只是每天都定时将他的小拳头洗干净，尤其是紧握的小拳头，指头缝里因为不太容易洗到，又不敢用力拉开他的小手，好几次都觉得他的小手心里臭臭的，洗起来特别费脑筋。

再就是他的小玩具。现在他能抓能拿了，拿到什么都往嘴里塞，球球啊、手铃啊比较大，塞不进去，就啃得玩具上口水滴答的。这下可不得了，那得有多少细菌啊。所以从他可以乱抓乱啃的时候，我的任务又多了一倍，他所有的玩具，以及他睡的垫子，都得洗干净后消毒。病从口入，他这样什么都用嘴尝，是要逼疯妈妈的节奏啊。

儿科专家的话

四五个月后，宝宝可以手眼协调去抓玩具，不仅会吃手了，还会把他能抓到的东西放入嘴里。家长不必紧张，更不要去制止宝宝，这是宝宝在探索周围的世界，有利于宝宝感知能力的发展。爸爸妈妈需要注意的是：勤给宝宝洗手，保持手的干净；宝宝的玩具、物品要安全卫生，经常检查玩具有无易脱落的小部件，以免宝宝误吞，玩具要选择无毒又能经常清洗的。但是过度讲卫生对宝宝并不都是好处，让宝宝接触到一定的细菌，会刺激他免疫功能的增强。上面宝宝的妈妈显得过于紧张，宝宝自己的用品、玩具、寝具并不需要每天消毒，每周一次即可。

能吃能睡精神足，
是胖是瘦没什么大不了

萌宝小卡

昵称：宝宝

性别：女

年龄：6个半月

出生体重：3.4kg

宝妈小卡

姓名：宝妈

职业：家庭主妇

年龄：28 岁

分娩方式：顺产

焦虑指数：★★

焦虑关键词： 喝奶量　胖瘦的攀比

　　我宝宝 5 个多月了，理应能喝 210ml 的奶了，可我家小公主，每次都只喝 80ml，我是一点儿办法也没有，又急又累。累的是她每次都喝那么少，每小时都起床就是生怕她饿着了，我那个累啊。

　　因为母乳少，所以宝宝一直都是喝奶粉，从月子里的 30ml 一直到现在的 80ml，虽然她喝的量在增加，可也没见她长胖，一直都担心她营养不足。不过，去医院做体检的时候，称量她的体重，都在生长曲线的正常范围内，这算是唯一能让我有些安慰的地方吧。

宝她奶从宝宝 3 个月大的时候就过来帮忙带孩子，就为了宝宝吃奶的事情没少跟我抱怨。她老说孩子除了脸大，身上哪里都没肉，一点儿都不像别人家的孩子那样胖乎乎的。她来这边，也经常带孩子下去遛弯，认识了小区里其他来帮着带孩子的老人。大家在一起总爱比较，看谁家的孩子长得壮，聪明活泼。我家宝虽然没有人家的胖，不过也很机灵啊，我实在觉得这没什么好比的。只要健康就好，是胖是瘦有那么重要吗？

儿科专家的话

宝宝的具体身高体重并不重要，重要的是生长速度。爸爸妈妈可以定期测量宝宝的身高体重，将数值标注在生长曲线表中，确定他仍然在以同样的速度生长发育就不必太焦虑。无论胖瘦，只要宝宝的身高体重在生长曲线正常范围内，发育都是正常的。

"肠套叠"——
时刻悬在妈妈头上的刀

焦虑指数：★★★★★

焦虑关键词： 照 B 超　肠套叠　灌肠复位

　　这是发生在我自己身上的事情，在正月初六，之前宝宝的身体状况一直很好，只感冒过一次。初六早上宝宝喝完牛奶，到了 9 点多，我就让宝宝奶奶抱着在楼下玩，我在楼上收拾东西准备第二天回娘家。

　　这时我忽然听见宝宝大哭，起初以为她只是在找我，就没理会。宝宝哭了一两分钟就没哭了。十几分钟后我也基本收拾完东西下楼来，这时宝宝又开始大哭。我马上抱过来，她还是哭，怎么哄也没用，哄了几分钟又不哭了，自己又在那里做鬼脸，笑笑。我没在意就陪她玩，又是一二十分钟的样子，她又开始哭，很痛苦的那种，这时我们才注意，可能她是肚子痛。这时我婆婆说肯定是肚子里有气胀着疼，就拿清凉油擦，可是宝宝还是哭。哭了几分钟停十几分钟又哭，是那种撕心裂肺的哭！我们想还是不能在家等着她自己好，得去医院。我婆婆是乡下的，这边没有大医院，只有小医院。

我们到那里时已 11 点多了，大年初六医院基本上都还人没上班，值班医生都吃饭去了，护士让我们等，也不知道要等到什么时候。这中间宝宝还是哭闹，我就打电话问我妈，看她有没有什么办法。我妈说最好是来市里医院看看，小医院不放心。还好我们自己有车，就想反正第二天要回去，现在回也一样。在回家拿东西的路上，买了宝宝一贴灵给孩子贴了。回到家，饭菜已经上桌，婆婆让我们吃了饭再走。到市里已经是下午两点多了，在车上宝宝除了痛时大哭，其他时间就是睡觉。等我到市一医院才发现，小孩子生病的还真不少，人特别多。我妈妈跟护士说能不能让我们先看一下，小孩肚子疼受不了。护士没个回答，我们只有排队等。可是宝宝疼啊，半个小时疼两次，睡着也能疼醒。这时我妈妈又去跟护士说能不能提前。可能护士也看到我们的情况，就把我们的单子递进去了。看到医生，我们就像看到了救命大仙一样啊！

医生让我们抽个血，照个 B 超。我问一般什么情况下才会肚子痛。她说这段时间很多肚子痛的，多数都是肚子受凉。她这样一说，我又觉得肯定没什么大问题，就去排队等照 B 超，哪里知道照完 B 超吓得我腿发软。医生只说了一句："快去找给你看病的医生，你小孩有问题。"

我看到单子上写的是肠套叠！好吧，当时我不大明白这是什么病，只知道肯定不是肚子着凉这么简单。医生很淡定，说先去通个肠子再说。又是去交费，找地方。通肠子的医生又很严肃地说了一堆的危险，什么空气灌肠通了就没事了，没通就要手术；通的过程中肠子穿孔了就没办法了。我问医生成功概率多少，他说不知道，反正通穿了这里没有条件抢救，签还是不签？

我愤怒了，这什么情况都不知道，还要我们签字！都没有条件还通个屁，谁知道通不通得了。我说你就说哪里有抢救措施，他说只有省儿童医院有。那还说什么，我们转身就往外走，去省儿童医院。医生又说，这种情况只要没超过 24 小时就没什么问题。可是我们都忘了，那天是大年初六啊，高速公路上车最多的一天，两个小时的车程我们开了四个小时。在车上宝宝已经没有什么力气了，还吐了一次。等我们火急火燎地跑到省儿童医院，那里的医生跟看感冒似的没一点儿反应，还是各种检查，确定是肠套叠。这时也是安排空气灌肠。可是这里的医生就好多了，安慰我说没问题，签字就好了，有什么问题他们都会准备好的。

好在我家宝宝通一次就通了。肠套叠就是只要肠子通了就没问题了。回到病房才发现，我们这病房有四个出现这种情况的，只有我家的灌肠成功了，其他三个年纪小小的就做手术了。这就是发现早与发现晚的区别啊！他们都是宝宝痛了一两天才来的，那时就严重了，不好通了。我在这里　里八嗦地说了一堆，主要是想告诉宝妈们，宝宝莫名哭闹不止，一定要上医院查清楚到底是怎么一回事，照 B 超就照得出的，好多都是把肠套叠当感冒治疗耽误了时间，最后酿成苦果的。

儿科专家的话

肠套叠在 2 岁以下的婴幼儿中最多见，尤其是 4 ~ 10 月龄婴儿为多。病因不明确，可能与饮食性质与规律的改变有关，如从单纯吃奶到增加辅食或断奶。当肠道的一部分嵌入另一部分时，就称为肠套叠，它会引起肠梗阻，会有剧烈疼痛。宝宝可能会间断出现突然的哭闹，哭闹后又会有一段没有不适的时间；宝宝还有可能出现呕吐，排果酱样大便。这时爸爸妈妈需要尽快带宝宝就医，实施空气灌肠复位；90% 以上的肠套叠在 24 小时以内，可以通过空气灌肠复位。

PART 8

宝贝出生第六个月

妈妈心情表情帝版
——妈妈的心情像翻滚过山车

妈妈紧箍咒

- 我真没想到陌生的环境、陌生的人对宝宝的情绪会有这么大的影响。

- 宝宝睡觉总是不太安稳，有时候居然哭出声来，把我吓醒了。

- 验了血，结果说是病毒性感冒，引发了气管炎！

- 医院里的病人这么多，总是往医院跑，会不会交叉感染啊？

- 鸡蛋的蛋白和蛋黄，就算是大人也不见得好消化，确定能喂给宝宝吃吗？

- 我每天都在纠结宝宝吃了多少辅食，肚子够不够饱，母乳是不是营养不够了？

- 为什么宝宝拉肚子就止不住呢？还是一天拉五到十来次的频率啊！

- 天凉了，宝宝一咳嗽我就想往医院跑，没办法，谁让我自己心里没底呢？

- 都快 7 个月大了，宝宝又出现了夜里哭闹不睡觉的情况。

- 据说经常出现夜啼的孩子，睡眠不足会影响生长发育。

- 我的身子都是在发抖的，生怕前天我用棉签把宝宝的耳膜给弄伤了。

宝宝怕生，让人欢喜让人忧

萌宝小卡

昵称：菲菲

性别：女

年龄：7 个月

出生体重：3.7kg

宝妈小卡

姓名：菲菲妈

职业：教师

年龄：28 岁

分娩方式：顺产

焦虑指数：★ ★

焦虑关键词：怕生　大哭

今天，我们带菲菲去照相，影楼工作人员刚给菲菲换衣服，菲菲就开始哭了，没办法，我只有自己给宝宝换。照相的时候菲菲很不配合，平常一逗就笑的她今天也不笑，光皱眉头。没拍一会儿，她就又开始哭了起来，到后来怎么哄都不行，而且越哭越伤心，用什么东西哄都不行，她平时最喜欢的摇铃也不要了，安抚奶嘴也不吃了。我和老公都有了不拍回家的念头。后来菲菲哭累了睡着了。等她睡了半个小时后，我们又抓紧时间把最后一套拍完，总算搞定了！

我真没想到陌生的环境、陌生的人对菲菲的情绪会有这么大的影响，我原本以为很简单的拍照对菲菲这么困难。而就在刚才，菲菲还在睡梦中大哭了起来，声音真的让人好揪心！我真后悔，早知道不去给菲菲拍什么照了，让她这么受罪，让她1个多小时都处于害怕中！现在想想真不知道今天的她在镜头面前心情是何等无助啊！她那样求助于爸爸妈妈，可是爸爸妈妈还是在逗她，要她把照片拍完，我现在真后悔！

儿科专家的话

在宝宝七八个月后，他有时就像两个截然不同的孩子，在熟悉的人面前是个开放、热情、外向的宝宝，但在不熟悉的人面前或者陌生的环境里就成了一个紧张、黏人、易受惊吓的宝宝。这是因为宝宝第一次学会了区分熟悉和不熟悉这两种情况的不同。爸爸妈妈在宝宝出现这种情况时，一定要第一时间做出反应，抱起安抚宝宝。爸爸妈妈遇到这种情况，也不要过分自责，这其实是宝宝成长过程中的小插曲。

宝宝惊梦，妈妈惊心

萌宝小卡

昵称：宝宝

性别：男

年龄：3 岁

出生体重：4.0kg

宝妈小卡

姓名：宝宝妈

职业：全职主妇

年龄：30 岁

分娩方式：剖宫产

焦虑指数：★ ★ ★

焦虑关键词：做噩梦　大哭

　　宝宝 6 个月了，会翻身，坐得很稳当，我们松了一口气，现在看着他就没有之前那么累了，比如可以让他自己坐在婴儿床里玩一会儿，我可以离开做自己的事情去。只是最近不知道怎么了，他睡觉总是不太安稳，有时候居然哭出声来，把我吓醒了，赶紧抱着哄他，但他哭了几声，就又睡着了——这是做噩梦了？

　　我真的想象不出来才 6 个月的宝宝会做什么样的噩梦，不过科学家说连母亲腹中的胎儿都会做梦，那么没有道理几个月大的宝宝不会做噩梦吧？我想起宝宝出生第四天，那是我们从医院回来的第一个晚上，半夜里，我被一阵咯咯笑声惊醒，一扭头，发现宝宝居然咧着嘴角，这么说刚才做梦发笑的竟然是他了？这可真是太奇怪了！醒着的时候，他都不笑，很严肃的表情，怎么睡着了反而大笑？

现在宝宝睡着了会哭，我真有点儿担心，怕是得什么疾病的征兆，不过他除了偶尔睡着了哭，其余时候都很正常，照样吃，照样玩。就算我再怎么担心，带他去医院，也不知道去看哪一科的医生啊。

儿科专家的话

婴儿也会做梦，随着他一天天地长大，视野也逐渐开阔，所接收到的信息越来越丰富，故而夜晚的梦境也会相应地丰富起来。上文中所提到的宝宝睡着了会哭会笑，就是典型的宝宝白天所接收到的信息量很大，情绪波动很大的表现。新手妈妈这个时候不需要过于担心，只要保证在日常看护宝宝的过程中，不使他受到惊吓，或尽快安抚，避免长时间大哭等情绪波动较大的情况发生，就能提升他夜晚的睡眠质量。

医院跑得勤，染病多过看病

焦虑指数：★ ★ ★ ★

焦虑关键词：流鼻涕　发烧 38.9℃　病毒性感冒　交叉感染

　　果果之前就感冒了，刚开始是流鼻涕、鼻塞。想着让她多喝水，注意保暖就好了。结果快好的时候她爷爷又忍不住抱着出去玩吹了风，第二天流鼻涕更严重了，去一家私人医院（这个医院是我大姑姐推荐的），吃药、贴中药贴都不管用，反而开始咳嗽，紧接着又发烧。那个医院又让输液！我也真是无语了——如果想输液，我干吗还去给宝宝贴中药贴呢?！

　　废话不多说。果果第一天发烧到了 38.9℃，家里备有塞屁屁的退烧药，虽然也有美林，但是果果对吃药排斥得很，一吃就吐。没有办法，我就只好给她塞了一个退烧药。

　　可是晚上我给她测了一下体温，又达到了 38.7℃，睡觉的时候又用了一个退烧药，睡得还是比较踏实的。然而到了凌晨 4 点，我摸摸她额头，发现又热了，但是她还是睡着的，不好给她塞，于是拿了一个退热贴给她贴上。到了今早，她身上还是热，咳嗽又特别厉害，于是我们只好去了儿童医院。医生听了一下肺部，然后验了血，结果说是病毒性感冒，引发了气管炎。痰特别多，主要进行化痰治疗。医生不建议输液，孩子太小，还是需要吃药。于是一直在家吃药……宝宝还是好不利索，其间又跑了好几次医院。每次去儿童医院，人都是满满的，门诊输液室里小孩子的哭闹声，大人走来走去的声音，还有说话声，吵吵嚷嚷的。我真是苦恼，果果感冒而已，怎么会这么难好，还得一趟一趟地跑医院，这里病人这么多，会不会交叉感染啊？

儿科专家的话

急性上呼吸道感染是婴幼儿最常见的疾病，并且病毒感染最多见。轻症宝宝一般会出现鼻塞、流涕、打喷嚏、干咳，有时伴有发热症状。这时要多给宝宝饮水，吃清淡饮食，服用对症的非处方药缓解症状。并不需要爸爸妈妈带着宝宝一趟趟不分时间地跑医院，尤其在呼吸道疾病的高发期，医院病患较多，的确很容易交叉感染。

断奶食谱不是圣旨

萌宝小卡

昵称：宝宝

性别：男

年龄：7 个月

出生体重：3.2kg

宝妈小卡

姓名：宝妈

职业：全职主妇

年龄：31 岁

分娩方式：顺产

焦虑指数：★ ★ ★

焦虑关键词： 断奶食谱　　添加辅食

　　我的宝宝 6 个多月了，从上个月开始就已经按照育儿书上写的，逐渐给他添加辅食，一般都是米糊、水果泥之类，宝宝也吃得很开心。我想接下来就该逐渐给他增加辅食的量，慢慢地断奶了。朋友中有当妈妈的传授经验时，总是说给孩子断奶是多么多么费劲。我看了很多书，总结出，给孩子断奶是一个渐进的过程，如果现在不着手，非要等到他九个月或十个月才断，那就太残忍了。那时候奶水没什么营养，而宝宝又不适应吃其他食物，光是想想我就觉得头大。所以我决定严格按照断奶食谱一步一步地来，逐渐让他"戒奶"。

　　书上说，这个时期的婴儿应该每天喂米粥两次，每次喂 30 ~ 50 克。光是这一条，我就觉得费劲了。因为宝宝吃米糊和水果泥还好，米粥不管煮得多么软烂，还是有米粒，小家伙又没牙，怎么去磨碎？再加上他的小肚肚，吃搅拌棒打碎的米糊，都还担心他消化不良呢。因此这第一条，我就不能做到。

再就是搭配奶粉。断奶食谱里说孩子在这个时期要补充奶粉，可是我一直是母乳喂养，宝宝现在对牛奶根本不感冒，冲的奶粉一口都不吃，有时候被我锲而不舍地抵着喂，吃个两三口，就怎么也不肯吃了。一天下来别说喂足 100 克了，能吃下 20 克就很不错了。第二条，我照样没做到。

第三条，居然要加鱼肉和鸡蛋？我晕！鸡蛋的蛋白和蛋黄，就算是大人也不见得好消化，确定能喂给宝宝吃吗？鱼肉倒是尝试喂过一次，鱼肚子上嫩嫩的肉，宝宝倒是觉得新鲜，也很给面子吃了两口，吧唧了几下吞了，再让他吃就不乐意了。这第三条明显是要给孩子补充蛋白质的，可我觉得实在是……

我每天都在纠结宝宝吃了多少辅食，肚子够不够饱，我的乳汁是不是营养不够了？而且根据断奶食谱来实行的辅食计划，也完全没有达标，这让我十分担心能不能成功断奶。

儿科专家的话

　　上面例子中提到断奶食谱的说法并不正确，母乳是 1 岁以内的宝宝最佳的营养来源，医生一般会建议纯母乳喂养的时间至少要四个月，最好半年，然后开始逐步添加辅食。如果可以，应该继续母乳喂养到 1 岁。只要妈妈和宝宝都愿意，1 岁后仍可继续母乳喂养。配方奶喂养的宝宝也是在 6 个月大以后逐渐添加辅食，1 岁后可以继续配方奶喂养或纯牛奶喂养。添加辅食应该遵循的原则是从单一到多样，从少量到适量，从稀到稠。一般先添加谷物，再加蔬菜、水果、肉类。首先可以给宝宝煮什锦粥或米糊，再在粥或米糊里添加蔬菜、肉类。关于添加蛋类或者鱼类的最佳时间，并不是非得等到 1 岁之后，在宝宝已经开始添加辅食并适应吃辅食后，就可以开始少量添加。

拉肚子——妈咪宝贝瘦一圈

萌宝小卡

昵称：宝宝

性别：女

年龄：8 个月

出生体重：3.4kg

宝妈小卡

姓名：宝妈

职业：幼儿教师

年龄：27 岁

分娩方式：顺产

焦虑指数：★★★★★

焦虑关键词： 乳糖不耐受　拉肚子　水解蛋白

　　我家宝宝之前母乳喂养时也出现过严重的拉肚子，大约从不到 3 个月开始的，拉了好几个月，我当时病急乱投医，用尽各种办法也不见效，心中的滋味只有经历过这样噩梦一般遭遇的宝妈们才能体会啊！

　　去医院看医生，开的那些治疗拉肚子的药宝宝都吃了，仍然不见好。我实在是不明白：为什么宝宝拉肚子就止不住呢？还是一天拉五到十来次啊！

　　后来我关注了一些专门讲育儿常识的信息，听了一些讲座，才发现婴幼儿有一种病，叫作"乳糖不耐受"，而我家宝宝拉肚子的症状几乎都符合，这下子我觉得总算是找到根源了。原来我家宝宝是因为吃了奶后对奶里的乳糖分解不了导致拉肚子的，也就是说是由体内乳糖酶分泌量减少或者暂时性缺失导致的。

　　据说出现这种情况完全是因为遗传因素导致的，没有什么根治的方法。好在我总算找到了方向，几经周折买到了水解蛋白的奶粉，慢慢地尝试着给宝宝喂。这样过了几天，宝宝好像没那么频繁地拉了，精神也好了不少。要知道她一直都在拉肚子，很快就瘦下去了。连我自己，因为日夜担心，吃不好睡不好，还要想尽办法给宝宝补充营养，整个人也瘦了一大圈。

儿科专家的话

　　　　乳糖不耐受症是由于宝宝小肠壁上的乳糖酶减少或缺乏，导致对食物中的乳糖不能分解吸收，致使出现水样腹泻，是导致小儿慢性腹泻的重要原因。治疗上除了对症支持治疗外，最重要的是更换无乳糖或低乳糖饮食。

因为咳嗽看医生，妈妈需要的是冷静

昵称：皮宝

性别：男

年龄：7个月

出生体重：3.8kg

姓名：皮皮妈

职业：教师

年龄：28岁

分娩方式：顺产

焦虑指数：★ ★ ★ ★

焦虑关键词： 咳嗽　发烧　炒盐捂背

　　天气转凉，好多妈妈都说宝宝咳嗽了，我家皮宝也不例外，昨天早上睡觉也咳得厉害。我发现当皮宝咳嗽的时候，背部两肩胛中间靠近脖子的地方是凉凉的，特别是睡在被窝里面，宝宝全身都很暖和，只有背部是凉的。于是我就想着把手掌心搓热，然后捂着宝宝背部。我捂着捂着就睡着了，然后半夜醒来搓热了手掌心接着捂，连续几次。反正宝宝生病，我和他爸也是睡不踏实，夜里我会不自觉地醒来许多次。就是为了试试宝宝背部还冷不冷，有没有发烧。

　　白天没事的时候，只要宝宝不咳嗽，我就让宝宝坐在腿上，左手从正面扶住他，右手掌心微微拱起，形成空心，给他拍背，从下到上，微微用力。因为是空掌心，所以即使声音大，也不会让宝宝疼，皮宝每次拍背都特别享受。

皮宝如果咳嗽很严重的话，我就按照老人教的方法，将食盐炒热了，然后装入结实的布包里，给宝宝捂背。不过这也得等宝宝睡着了才行。还有就是炒热的盐包不能太凉也不能太热。给宝宝捂着背部的时候，得让热量一点儿一点儿地渗进去，但也得注意千万不能烫着宝宝了。我都是放自己手腕内侧测试一会儿才给皮宝用的。

这些方法我感觉很管用的，我自己带的宝宝，从几个月生了场病吃了很多药不怎么见效，我就开始多方寻求，总结出这么一套方法，宝宝感冒咳嗽的时候就是这么护理的。然后我就不用再像以前那样，宝宝一咳嗽就心急火燎地往医院跑。其实，妈妈就是孩子的专职医生，只要冷静下来，多想想辙，总会有适合自家宝宝的办法的。

儿科专家的话

咳嗽是小儿呼吸道疾病最常见的症状。2月龄以下的宝宝咳嗽必须去看医生，对于大一点儿的宝宝，则可以先在家做一些物理治疗。空心掌拍背可以帮助咳嗽的宝宝排痰，盐包热敷也可以促进痰液稀释、炎症的消除。但是如果宝宝咳嗽的同时出现下列情况，就应该立即就医：宝宝出现呼吸困难，咳嗽伴有喘息或面色发绀，咳嗽影响进食和睡眠，宝宝是在被食物或其他东西呛到后出现的咳嗽。

夜啼，喂母乳才是最好的疗法？

萌宝小卡

昵称：宝宝

性别：女

年龄：8 个月

出生体重：3.4kg

宝妈小卡

姓名：宝妈

职业：全职主妇

年龄：30 岁

分娩方式：顺产

焦虑指数：★ ★ ★

焦虑关键词： 夜啼　影响生长发育

我家宝宝在两个月的时候就有过夜啼，就是到了晚上 11 点了还不睡，还在哭，也不吃奶，只要我抱着拍哄。过了两天，又好了，我也没把这当成什么大事，想不到现在宝宝大了，都快 7 个月了，又出现了夜里哭闹不睡觉的情况。

现在的情况是：到了该睡觉的时候，她就表现得特别黏我，奶奶抱也不行，会哭闹挣扎。宝宝她爸爸第二天要上班，那是铁定要保证他的睡眠的，因此我带着宝宝去婆婆的房里，两个人一起看孩子。宝宝明明已经困了，她在我怀里拱来拱去，老是揉眼睛，表现出困意来。但她就是不肯睡，而且还不让我将她横抱着，只愿意我竖直着抱她。走来走去，一个小时过去了，她还是不睡，我自己也累了，于是想着抱着她躺一会儿。为了哄她，连往常禁止的让她含着乳头睡觉现在也解禁了，但宝宝表现得不是那么热衷，吃了一会儿就不肯吃了，然后不耐烦地又要开哭。我只好爬起来，抱着她在屋子里来来回回兜圈子，等到她终于累了肯睡的时候，一个小时已经过去了。但这个时候，我是绝对不敢将她放在床上睡的，她肯定会惊醒，觉浅得很。我上网查了查，知道这就是夜啼，说是经常出现夜啼的孩子，睡眠不足会影响生长发育，也会十分影响父母的休息。我现在不就是这种情况吗？

儿科专家的话

　　帮助宝宝入睡是妈妈最大的挑战之一，优质的睡眠无论对宝宝的现在还是将来都是非常重要的。睡觉的培养可以从 4 ~ 6 月时就开始，这个时候，大部分的宝宝每天至少需要两次小睡，有的宝宝甚至在傍晚时还有第三次小睡。然后在晚上 8 点左右开始持续十个小时左右的大睡。如何训练宝宝入睡？上文中的妈妈采用奶睡或者抱睡的方式都是很不可取的。妈妈可以在宝宝表现出有睡意时就把他放到小床上，轻轻拍他或者轻摇小床，让他自己睡着，或者每天有固定的睡前仪式，如洗澡、吃奶、读一个故事。只要每天坚持培养相同的睡眠习惯，宝宝一定会慢慢形成好的睡觉习惯。

耳垢软和硬的犯愁

焦虑指数：★ ★ ★

焦虑关键词：掏耳朵　耳朵壁划伤　耳垢发硬

今年我们带着宝宝回老家过完春节，初四回来时已经是晚上 12 点多了，随便给宝宝洗了之后准备睡觉，我突然发现宝宝耳朵里面有耳屎，就用小棉签给宝宝掏了一下。宝宝平时很喜欢掏耳朵的，但是当天晚上我正在给她掏耳朵时，她听到她爸爸在客厅里面说话，突然转过头来，那一下子我都吓傻了。她咧着嘴巴似乎要哭，可是声音都哭不出来了。我赶紧扔了棉签，起来抱着她哄，不一会儿将她哄睡着了，我以为就没什么事了。

第二天早上看孩子也没事，到了初六早上起床时，突然看到宝宝右边耳朵里全是血，吓死了！我和老公马上带着宝宝去看医生。一路上我心神不宁，一直追问老公会不会有事，老公一直安慰我说没事，直到见到医生的那一刻，我的身子都是在发抖的，生怕前天我用棉签把宝宝的耳膜给弄伤了。要是那样的话，我就是死一千次也无法原谅自己。幸亏医生看了以后说是耳朵下壁被划了一下，没什么大事，给宝宝清洗了一下耳朵，拿了十四块钱的消炎药就回家了。直到现在我还是心有余悸，心里面仍有太多的后悔和自责。

反正经过这件事，我是一朝被蛇咬，十年怕井绳，再也不敢轻易给宝宝掏耳朵了。但是宝宝的耳垢明显越来越多，颜色也越来越深，看来宝宝的耳垢都变硬了，因为她的耳朵壁被划伤过，我更不敢掏了。纠结了好久，最后只好去医院。我把宝宝固定在胸前，摁住她的脑袋不让她乱动，医生用一个小钩针一下子给钩出一个圆坨坨，但是宝宝疼得直哭。最后另一边的耳朵也不掏了，医生给滴了几滴硼酸水说是软化后再来掏，就这样我们第二天又跑了一趟。这回再掏，宝宝没有哭，但是耳垢软化以后，掏出来好多啊。想着以后，我肯定是不敢给宝宝掏耳朵了，那不得定期来医院处理啊？我也是打心底犯怵啊。

儿科专家的话

给宝宝清洁耳道的确是件有风险的事情，如果发现宝宝耳垢较多，可以用宝宝专用的细头棉签帮他清理。最好是让宝宝侧躺着，耳朵朝向光源，手捏棉签留出大概 1cm 长度并捏紧，这样可以防止出现宝宝突然移动头部时戳伤耳道。如果宝宝的耳垢已经有太长时间没清理，堵住了外耳道，应该去耳鼻喉科就诊。医生会开一瓶耵聍水，让家长给宝宝滴耳数天软化耳垢后，再到医院将耳垢掏出。

PART 9

宝贝出生第七个月

妈妈紧箍咒

🌷 宝宝排斥奶瓶，奶嘴放在嘴里也不吸，强喂就大哭。

🌷 宝宝肯吃辅食了，我却发现他有了偏食的习惯。

🌷 想到距离断奶越来越近，我心里就不舒服。

🌷 要是她不再吃奶了，是不是就算妈妈晚上不回来也没有关系？

🌷 很多奶粉含糖多，时间久了就导致蛀牙。

🌷 宝宝特别好动，放床上一会儿没注意到，他就摔下床了。

🌷 参照生长发育曲线，宝宝的体重、头围指数都偏低，我们是各种纠结。

🌷 他已经拉了十几次了，会不会脱水呢？

🌷 我觉得没理由无论烧到什么度数都不需要吃退烧药吧？

🌷 用体温计给宝宝一量又是 38℃，吃了退烧药还是不退。

🌷 从宝宝 4 个月大能翻身的那一刻起，我一直都忧心宝宝晚上翻来翻去的问题。

🌷 睡前我总是心情紧张，生怕宝宝又翻过去趴着憋着自己。

定时定量喂奶的拘泥

昵称：宝宝

性别：男

年龄：9个月

出生体重：3.7kg

姓名：宝妈

职业：审计

年龄：33岁

分娩方式：剖宫产

焦虑指数： ★ ★ ★

焦虑关键词： 定时喂养　营养不够　涨奶

　　我们家宝宝是母乳喂养，不过我没有严格按照育儿书上说的准时准点才喂，只要宝宝愿意吃，或者他哭闹时为了哄他，我都让他吃。粗粗算下来，每天起码要喂 8 ~ 12 次。而且晚上宝宝吃饱睡着以后，凌晨两三点还会醒来再吃一次，这时我睡在他身边，那是有求必应。

　　不过因为家里人还是担心他营养不够，所以我们也让宝宝搭配着吃配方奶。后来宝宝两个月的时候去体检，医生说宝宝体重增长得很好，母乳应该是够吃的，建议停掉奶粉，并给了一个很有用的建议：每次喂奶一定先喂母乳，即使自己感觉没奶也要先让宝宝吸一会儿，如果宝宝实在吃不饱，哭闹了再喂奶粉。总之一定要勤吸母乳！

　　回家后我按照医生的建议喂奶，但没有停掉奶粉，因为总担心宝宝吃不饱，结果没几天宝宝就更加排斥奶瓶，奶嘴放在嘴里也不吸，强喂就大哭，这下只好完全依靠母乳了。因为觉得奶少，怕宝宝饿，所以喂得勤，也没有定时，只要他张嘴就喂，也就是所谓的按需喂养。为了让孩子能多吃一些，我也强迫自己多喝汤水，几乎顿顿有汤（鲫鱼汤和青菜面汤喝得最多）。开始一两个星期总觉得宝宝只能吃半饱，但医生说过宝宝不会饿坏的，定时称体重就可以。两星期后称了体重，发现增长值在正常范围内，这才放心了，并且不知从什么时候起，乳汁也变多了，宝宝吃奶时也好像用奶瓶吃一样有咕嘟咕嘟的声音了。现在宝宝7个多月了，白天两小时左右喂一次，晚上好几个小时不用喂就会涨奶，再也不用担心宝宝吃不饱了！

儿科专家的话

　　纯母乳喂养宝宝，不必定时，应该是按需喂养，多让宝宝吮吸，妈妈的乳汁才会越来越多。怎样判断母乳是否足够，由以下几点可以知道：一是看宝宝排便，宝宝每天尿湿6片尿布，且尿色浅黄清亮，大便金黄色。二看宝宝吃奶时有无吞咽声，每次吃奶持续15～10分钟，吃完后是否很满足。三看宝宝的体重、头围、身长，是否在生长曲线的正常范围内。

宝宝有了食物偏好，
妈妈又添新忧

萌宝小卡

昵称：宝宝

性别：女

年龄：9个月

出生体重：3.6kg

宝妈小卡

姓名：宝妈

职业：全职主妇

年龄：29岁

分娩方式：顺产

焦虑指数： ★ ★ ★

焦虑关键词： 偏食营养均衡

　　我家宝宝如果拒绝吃某种食物时，我不会强迫她，而是会多花些心思，变个花样，换种做法，一般都能收到意想不到的效果。

　　宝宝的饮食习惯很大程度上受妈妈口味的影响，所以我不挑食，肉蛋鱼虾、蔬菜水果等都吃，尽可能地保证一日三餐的品种多样及营养均衡，以身作则，为宝宝树立一个不挑食的好榜样。

　　6 ～ 12 个月是宝宝的味觉发育期，我明白辅食的添加要遵循循序渐进的原则，食物的品种由少到多，味道由轻到重，1 岁内不吃调料，我都会尽量做得清淡点儿，基本也不会给宝宝吃太多甜食。

　　宝宝肯吃辅食除了让我感到开心的同时，还发现他有了偏食的习惯，比如这个时期，应该给宝宝吃的蒸蛋，无论我怎么做，他都不肯吃。后来尝试了煮鸡蛋，将蛋白给他吃，他才吃进去一些。还有鱼肉，我炖得烂烂的，喂给他吃，他也给吐出来。鱼肉可是儿童辅食里补充蛋白的必备食品啊，我费尽心思，最后终于发现，他肯吃大河虾，嫩嫩的虾肉，他吃得津津有味，这才令我放下心来。为了应对他的偏食，当妈的不得不使出浑身解数，但为了他的营养均衡，我也认了。

儿科专家的话

　　宝宝在6个月时可以添加辅食，一般先添加米糊，刚开始可以喂一勺两勺，让宝宝逐渐习惯用勺吃后再加量，4～5天后再加另外一种，这样逐渐将母乳或配方奶、米糊、蔬菜、水果和肉类合理安排在一日的饮食中。蛋类和鱼类可以在宝宝已经习惯吃辅食后逐渐加入，鸡蛋蛋白最好是1岁后再添加，可以把1/4个蛋黄碾碎添加到米糊、粥里混合喂食。剔除鱼刺后的鱼肉、虾肉也可以加入米糊、粥里混合喂食。文中的妈妈添加辅食的原则是正确的，宝宝也可能只是不适应某种食物的味道，并不是偏食，只要给他添加的食物营养均衡就可以了。

断奶，自然就好

焦虑指数： ★ ★ ★

焦虑关键词： 断奶　母女分离　涨奶　夜奶

　　宝贝快 8 个月大了，吃奶越来越少，当初我家宝宝可是纯母乳喂养到 6 个月大呢，一口奶粉没吃过，想到距离断奶越来越近，我心里就不舒服，现在宝宝一天吃 4 次辅食，一次能吃将近一碗粥，白天就算没有吃奶也没事。婆婆最近总说"不吃奶也没事了"。可是我还不想那么早断奶啊，很喜欢宝贝依赖母乳的感觉，看到我掀开衣服她就激动得不行，最喜欢坐在我肚子上歪着头吃奶，吃一下玩一下，一只小手捧着这边大口吃着，另一只小手捏着另一边的乳头玩，这感觉幸福得没法儿说，可以的话，多想喂到自然离乳！从知道了她的存在到现在，我感觉要和她经历一次次的"分离"：从肚子里出来，我们不再合二为一；我产假结束去上班，她以前那么依赖我，除了我谁都不要，现在爷爷奶奶抱半天也不哭，我不在家也没关系。现在，要开始断奶了，要是她不再吃奶了，那是不是就可以彻底独立了，就算妈妈晚上不回来也没有关系？我心里真的很失落。

　　越是这么想，我就越不愿意那么快断奶。不过因为要上班，在公司忙起来的时候，就算奶涨得厉害，也尽量忍着，实在疼得受不了了，衣服都被浸湿了，这才匆匆跑去哺乳室用吸奶器挤出来。晚上回到家，因为宝宝习惯吃母乳吃到睡着，我就心安理得地安慰自己，这是为了宝宝的睡眠，于是晚上睡前喂一次，半夜里又喂一次，一次也没落下。可是这样一来，准备好的断奶计划又不得不搁浅了，真是让人矛盾啊！

儿科专家的话

　　母乳是宝宝 1 岁内最佳的营养来源，即使添加了辅食，1 岁以内每天喂母乳的次数也不要减少到仅有 1～2 次，逐步添加辅食，同时继续母乳喂养，甚至 1 岁后也可以继续母乳喂养。辅食，是 1 岁以内的宝宝母乳或奶粉外的辅助食品，爸爸妈妈不要一给孩子添加辅食了，就喧宾夺主，把辅食当成主食来喂养宝宝。职场妈妈要坚持喂母乳，做背奶妈妈是很辛苦，上班时定时用吸奶器挤奶，回到家中尽量亲自喂，慢慢地会达到供需平衡。

牙牙出来了，龋齿防起来

焦虑指数： ★ ★

焦虑关键词： 龋齿　萌芽期　给婴儿刷牙

　　宝宝拥有一口好牙，妈妈责任可重大呢，从宝宝出生就该开始给宝宝做足口腔护理，我在这方面可一点儿都不马虎呢！在宝宝 4 个月大以前，我每天都会坚持早晚用纱布沾湿温水打圈圈地给宝宝清洁牙床，并且每顿奶喝完后都会喂她两三口温开水漱漱口。到了宝宝的萌牙期，我家宝贝可没少闹腾，食欲不振、牙肉红肿。可能是牙龈发痒不舒服吧，还经常哭闹，怎么哄都哄不过来，这时候我看见网上有其他妈妈分享这个时期的护理经验，有些妈妈建议适当使用牙胶，最好是冰凉的、有水的、表面有一些凹凸圆点的，于是我买了牙胶给宝宝磨牙。宝宝果然没那么哭闹了。

　　还有些妈妈建议饮食清淡些，减少每餐的奶量，通过增加餐数来保持宝宝的每日奶量不变，我也耐心地去做了，总算比较平稳地度过了宝贝的萌牙期。后来，随着宝宝的月龄增长，我逐渐给她换橡胶指套牙刷和分阶段的婴儿学刷牙牙刷组合，每天早晚我就陪着宝宝教她用牙刷刷牙，我也刷，做好榜样，慢慢地她就学会了，还养成了早晚刷牙的好习惯呢！哦，对了，宝宝的乳牙也是很娇嫩的，所以坚硬的食物我都坚决不让她吃，以免她啃坏了牙齿，得不偿失！

保护宝宝的牙齿除了要帮助宝宝养成护牙的好习惯，选对奶粉也是蛮重要的。以前我并没注意到奶粉里面糖的问题，后来有个同事跟我说，他家宝宝两岁就有蛀牙了，去看医生，医生说可能是宝宝习惯奶睡，现在很多奶粉含糖多，时间久了就导致了蛀牙。我自己特意去看了当时宝宝喝的奶粉，除了蔗糖还有葡萄糖浆，难怪那么甜。我就赶紧去买了一罐无糖的奶粉回来给宝宝试喝。口味很清淡，接近母乳，宝宝也挺爱喝。

我在爱牙日那天参加了妈妈网的宝宝"晒牙"活动，虽然没获奖，但却获得了不少妈妈的夸赞，说宝贝牙齿雪白、整齐，笑容秒杀，我可骄傲了呢！

儿科专家的话

有些爸爸妈妈认为宝宝乳牙期的龋齿没有关系，反正它们迟早都会掉了换恒牙，这种认识是不正确的，乳牙期的龋齿会对恒牙产生不良影响，有可能导致更多的牙齿问题。保护好宝宝牙齿的最好途径是帮他养成良好的用牙习惯，从乳牙萌出起就要帮他清洁口腔，不要让他含着奶嘴入睡，定期带他去看口腔医生。文中的妈妈每天坚持帮宝宝清洁口腔和牙齿，做得很好。

能摔能砸能爬，捞啥吃啥，想省心是奢望

萌宝小卡

昵称：聪聪

性别：男

年龄：8个月

出生体重：3.8kg

宝妈小卡

姓名：聪聪妈

职业：项目经理

年龄：32岁

分娩方式：剖宫产

焦虑指数：★★★

焦虑关键词：好动　摔跤　受伤

　　我家宝宝特别好动，放床上一会儿没注意到，他就摔下床了。坐学步车时，如果他想拿东西，用力过猛也会翻车，满头都是包，这里没好那里又添新伤，我不知怎么办才好。

　　之前几个月我一个人带着他还好，因为他不那么顽皮，手脚也没多大劲儿。回老家待了80天之后回来，宝宝来了个大变样，好动，顽皮，放床上躺着，跟自由泳健将一般，划拉个不停；头摆来摆去，追着视线里能看到的大人转。尤其是现在还黏我，看不见我还哭，连我上厕所都不让，更别说做饭了，

不得已，只好用背带背着，随便弄点儿吃的，糊弄一下肚皮。

除非宝宝在睡觉，否则我一不留神，他就会出状况。他现在坐得很稳当，当然前提是他能安静地坐着玩，而不是到处乱爬。现在我可不敢将他放床上，都是在地板上铺上泡沫拼板，让他自己随意爬，就算摔着也摔不疼，顶多把口水滴答得到处都是。不过他的小拳头现在越来越有劲儿，抓住什么东西，我非得一点点掰开他的手指才能拿得下来。现在给他买精致的玩具，什么遥控汽车、机器人呀都是白搭，因为他玩玩具的方式就是摔打，兴奋的时候，手里抓着东西高高扬起，使劲摔，小屁屁还一颠一颠的。摔得兴起，猛然一下子就双手抱着玩具往嘴巴里塞！那个虎头虎脑的劲儿，看得人又好笑又好气，赶紧拿下来，把玩具重新擦干净，在他亮开嗓子哭之前再还回去。

儿科专家的话

随着宝宝月龄的增长，他的认知及运动能力都有很大的提升，8个多月的宝宝平躺时会动个不停，会随意翻身，所以任何时候都不要让宝宝独处，哪怕很短的时间。这个时期，宝宝还会学会自如地松开手指并开始兴致勃勃地扔东西，然后大声叫喊让你帮忙捡回来继续丢，所以这个时期爸爸妈妈要选择不易摔坏的玩具。

"发育曲线" 导致的认识误区

焦虑指数： ★ ★ ★

焦虑关键词： 生长发育曲线　体重　头围　营养

　　我们确实迷信过生长发育曲线。每次去体检，宝宝的体重、头围指数都是偏低，当时看到这个结果，我们是各种纠结。每次一定要追着问医生一堆问题，问得人家都无语了。老公还有事没事总喜欢拿着宝宝的体检表来对比，说宝宝3个月大就应该会翻身了，为什么我家的还不会翻，是不是智力有问题？或者头发有枕秃了，是不是缺钙了？每次医生都被问得很烦。

　　说不在乎生长发育曲线是假的，每次和其他家长聊的时候，大家都把自家的孩子拿出来说，拿出来比，参考的就是生长发育曲线，稍微超出了范围一点儿，别人都以一种让你十分郁闷的同情眼神看着你，好像在说你家小孩不是个正常的，赶紧去治治吧！然后回来就开始跟自己较劲儿，为什么我家孩子体重不达标？头围偏小？是不是营养不够？是不是真的有什么毛病医院里没检查出来？纠结来纠结去没个结果，就把气撒老公身上，尤其是宝爸还整日里研究生长发育曲线，研究各种育儿百科还是没整出名堂来，就更让我生气。

现在我非常敏感，再也不愿意早晚抱着宝宝出门遛弯，就是怕遇见那些抱着孩子出来的爷爷、奶奶、妈妈。每天一门心思地待在家里钻研辅食，想着无论如何先让宝宝身体达标再说。

儿科专家的话

生长发育曲线代表的是宝宝生长发育的趋势，需要动态和连续性的观察，靠某一点来判断宝宝的发育是否正常是不准确的。宝宝的生长指标在上下两条实线之间都属于正常。如果宝宝的生长发育曲线在正常范围内，且与参考曲线的弧度一致，那么宝宝的发育就是正常的。

抗生素治疗发热，
医生安心妈妈焦心

焦虑指数：★ ★ ★ ★

焦虑关键词： 秋季腹泻　病毒性腹泻　脱水　抗生素　退烧

　　带斑斑去澳大利亚的前几天他染上了秋季腹泻，走的那天看上去好了一些，所以还暗自庆幸。谁知道在飞机上 9 个小时用完了 8 片纸尿片，到最后我只好在飞机上向带宝宝的乘客借尿片来应急。斑斑又吐又拉的，小脸都绿了，我们下了飞机就奔墨尔本皇家儿童医院去了！

　　最后确诊还是病毒性腹泻，排除了耳道感染、泌尿系统感染和肺部感染之后，医生说只需要给他喝水就行了，不需要任何治疗。我问会不会脱水，医生说还没有脱水，所以不需要输液，喝水就可以了，也可以喝些电解质饮料，不用治疗。因为这种病毒目前还没有任何药物可以治疗，用药反而会加重肠胃负担，不需要吃固体食物（当然愿意吃也可以），大概 7 天宝宝会自然康复的。他还给了一份中文的有关这种腹泻的护理方法、原理、治疗方法的资料给我，告诉我不用担心，如果实在不放心第二天可以再去。我当然不放心了，在广州的话怎么也得打吊针了，一天拉二十几次，多么可怕！

当天晚上宝宝发烧，39.3℃，我给他吃了美林。

第二天复诊，医生问了回去后的详细情况，还是告诉我没问题，不用治疗，要相信宝宝自己的康复能力，况且没有真正有效的治疗药物。我告诉他昨晚宝宝发烧吃了退烧药，他问我是什么，把药给他看，上面有名称"布洛芬"，他很惊讶，说这是你们的儿科用药吗，我说是，难道有问题吗？

医生告诉我，布洛芬对于儿童而言是不安全的，它会损害肾脏，特别是由于腹泻引起的发烧，如果处在脱水状态引起的肾脏损害还更加严重，甚至是不可逆的，往往家长自己是不能正确判定宝宝是否处于脱水状态，所以吃这种药退烧相当危险！从没有一个医生告诉我这个道理的，我可怜的斑斑好在没有脱水啊！

我问他澳大利亚这边用什么药给宝宝退烧，他写了一个名称给我，我后来自己到药店去买了，但是看不懂究竟是什么东西！

回国后，我向表弟媳请教，她在药检所工作，才知道从澳大利亚买回来的退烧药就是扑热息痛，又叫对乙酰氨基酚。说明书上还专门注明"不含酒精，不含布洛芬"，看来布洛芬还真是不能给小宝宝用的。

我把这件事告诉了同学——一个在外省工作的儿科主任，她家宝宝不到两岁，她说自己喜欢用美林的原因是退烧快，因为泰诺林退烧慢，家长都特别心急，怕孩子烧坏了脑子，总是催医生，觉得你的药这么久不见效就不是好医生了！

其实宝宝发烧不是坏事，这也是澳大利亚医生反复强调的，他告诉我不要随便吃退烧药，我告诉他国内医生告诉我体温 38.5℃以上就要吃了，他居然说吃不吃退烧药不是通过发烧的程度来决定的，我真是第一次听说这个理论！

那么什么情况下才给宝宝吃退烧药呢？他说要根据宝宝本人的情况，比如嗜睡、精神倦怠之类，否则就算是发烧到 39.5℃，如果他还是玩得不错，精神不错，就都不用吃。我不死心，一定要问一个可参考的度数，我觉得没理由无论烧到什么程度都不需要吃吧，医生很为难地说："如果孩子精神很好，但是发烧到必须吃退烧药的程度，我觉得应该是 40℃！"

我觉得即使是喉咙发炎也要坚持让医生开单验血，确认白细胞确实偏高之后才用抗生素。前几天斑斑有轻微咳嗽，喉咙有痰，一过性发烧到 39.3℃，3 个小时后自己退烧了，我心里不太放心，怕他会得支气管炎，就带他去了医院。

医生说他的扁桃体有两个脓点，我坚持要验血，结果一切正常，白细胞水平处于正常范围。以为这样没事了，把化验单给医生看之后，她居然马上给我开药，我坐在旁边不好作声，只好问："这样还需要打吊针吗？"她说要打抗生素。

我实在忍不下去了，问她："白细胞计数不高为什么要打抗生素呢？"

她解释说："不打的话体温降不下去啊！"

"不是没有发烧了吗？"

"还会再发的！"

我无言以对了，她都说还会再发的，我怎么辩驳？没有发生我怎么和医生辩驳？我等她开完处方，离开了医院！

一直到现在，斑斑都没有像医生说的那样再发烧，我带斑斑去同仁堂看了中医，开了几服中药，现在基本没事了。我问我在儿科工作的同学，为什么扁桃体有脓点白细胞计数却不高？

她告诉我：前一段时间宝宝患过病毒引起的秋季腹泻，病毒侵犯胃肠道之后往往会同时侵犯呼吸道，在扁桃体形成疱疹，过一段时间疱疹溃破后会形成脓点，这种脓点不是细菌感染引起的，所以白细胞计数不高，也不需要用抗生素治疗，只需要仔细观察，如果宝宝的发烧是一过性的就没什么问题，如果三天之后高烧不退，还有越来越高的趋势，就怀疑出现合并细菌感染，再去查血象，如果显示白细胞计数高，就有必要使用抗生素了。

儿科专家的话

美林（布洛芬）和泰诺林（对乙酰氨基酚）都是儿科常用的解热镇痛药，美林用于 6 个月以上的宝宝，泰诺林用于 3 个月以上的宝宝，只要按医生规定的剂量使用都是安全的。宝宝发烧只是疾病的一种症状，发烧并不是一件坏事情，对人体没有伤害，爸爸妈妈应该关注宝宝为什么会发烧，而不是发烧本身。文中的妈妈误导了许多家长，她说澳大利亚的医生说不能吃美林，有可能是说 6 个月以下的宝宝不能吃，而且美林的官方说明书上写着"1 岁以下儿童在医师指导下使用"。她说滥用抗生素不好，也没错，她建议输液前验血，白细胞计数高才输抗生素是不对的，并不是说白细胞计数高就一定是细菌感染。

连续 3 天体温 38℃的惊魂

萌宝小卡

昵称：宝宝

性别：女

年龄：9 个月

出生体重：3.2kg

宝妈小卡

姓名：宝妈

职业：全职主妇

年龄：29 岁

分娩方式：顺产

焦虑指数：★ ★ ★ ★ ★

焦虑关键词： 消化不良　低烧　病毒感染　灌肠　小儿急疹

　　一个星期前，宝宝消化不良，一天拉四五次大便，稠稠的，有奶泡。孩子不舒服我一般都是带去看医生。医生说是大肠有菌，消化不良，当时高烧38℃。开了药，回去后吃了药，烧退了，大便也正常了。第二天早上宝宝又开始发烧，用体温计一量又是38℃，吃了退烧药还是不退，我又带她去看医生，医生说可能是喉咙发炎，就给宝宝打针，滴鼻子（滴退烧药），这下子退烧了。

　　晚上宝宝还有点儿低烧，再给她吃一次药哄她睡觉，到半夜没什么异样，我以为可以安心睡觉了，结果到早上五点多起床摸摸，发现她的身体又有些烫手。用体温计一量又是38℃，宝宝的嘴唇都是鲜红鲜红的了，我都吓哭了，不知道该带她去哪里看了。我当时唯一能想到的就是我妈。我们吃了早餐就去找我妈，我妈就说了她家附近的一个医生，我带了孩子又去看医生，这个医生说是病毒感染，他就给宝宝做了灌肠，让我们晚上或者第二天早上再去灌一次，还开了退烧药，说发烧就吃，不发烧就不用吃了。回去后体温总算降下来了，我一直给她盖被子让她睡觉，让她出汗，据说这样容易退烧。到了下午一点多钟的时候宝宝又开始发烧，给她吃了退烧药，过了两个小时还是不能退烧，已经快下午四点了，我都急哭了。

我就跟老公说，去保健院吧，大医院检查准确一点儿。到医院差不多五点了，医生检查宝宝喉咙没事，只能去验血了，化验结果出来白细胞计数不高，没有炎症，医生就说会不会是小儿急疹呢，我不明白，她说如果是的话，烧退了疹子就会出来，出来了的话就不会再发烧，过两天那些疹就会慢慢退掉，就没事了，不会痒，也不用吃药，现在最重要的是把烧给退了。

医生又要给孩子打点滴，还要滴鼻子，输完都傍晚六点多了，当时打完点滴再测量体温，是37.7℃。护士说退烧药会慢慢起效果的，我们只好回家。回家后宝宝还是发烧，吃了医院开的药，到晚上八九点了还是没退烧，我就打电话给保健院医生，她说让吃美林，我按医嘱给宝宝吃了，宝宝一直昏昏沉沉地睡，烧还是不退！

晚上十点多了，我跟老公说，你先看一会儿吧，我要睡一会儿了，我已经几天日夜不能安睡了。睡是睡了，但是孩子或者老公动一下，我还是会睁开眼睛问问情况。夜里十二点多的时候我醒来，老公说，没有退烧，还是很烫，一量，还是38℃。我让老公睡觉，我自己来看孩子。

这个时候，我只有时不时地让她喝一点儿开水，过十分钟就给她量一次体温，反反复复一下子高一下子低的，我还是给她喂开水。到凌晨三点多，我挺不住了，烧还是不退，我叫醒老公看孩子，我要睡一会儿了。五点多起床，老公说还是不退烧，要不再带她去我妈家附近那个医生那里去看，最起码他能把烧给退了。于是早上七点多我们又带她去找医生，跟他说验血了，没有炎症，他还是给开了灌肠药退烧，说可能是小儿急疹，让我们下午再去灌一次肠。这次回家以后终于退烧了，一直到下午都没再发烧，但是我们还是再去灌了一次肠。终于退烧了，一直到退烧后的第三天，宝宝身上出了好多疹子，一粒一粒的，小小红红的，疹子出来三天就慢慢退了，也没有再发烧！

这一次的经历，真的让我们手忙脚乱，好心疼，从没遇到过这种情况的我真的吓坏了！希望宝宝经过这次辛苦的磨炼之后健健康康地成长！

儿科专家的话

发烧本身并不是一种病，它只是身体某种疾病的一种表现而已，如果宝宝发烧，爸爸妈妈应该搞清楚是什么导致发烧，而不是急着退烧。宝宝大部分的发烧都是普通感冒造成的，如果发烧没有造成宝宝不适，都不需要治疗，如果宝宝发烧时也是活蹦乱跳的，就不需要吃药或者送医，只要持续观察就好了。小儿急疹是宝宝出生后可能都要经历的，对小儿急疹的诊断要等到热退疹出后才能下结论，出疹后3～7天皮疹就消失了。

趴着睡，仰着睡，宝宝喜欢就好

萌宝小卡

昵称：宝宝

性别：男

年龄：9个月

出生体重：4.2kg

宝妈小卡

姓名：宝妈

职业：办公室文员

年龄：29岁

分娩方式：剖宫产

焦虑指数：★★★

焦虑关键词： 憋闷　翻身

从宝宝4个月大能翻身的那一刻起，我一直都忧心宝宝晚上翻来翻去的问题。老公睡床里边，我们娘儿俩睡床外边，方便我晚上起来给宝宝把尿。我一般晚上是很容易惊醒的，不管睡得多么沉，突然就没有预兆地醒过来，然后看见宝宝动了动，就直接把他抱起来把尿。这个时候他也不睁开眼睛，继续睡，不过却下意识地配合，每次都会尿。这让我很有成就感。

然而，快到8个月大的时候，那几天不知道为什么，宝宝总爱吵夜，晚上总是哭闹，不管我怎么哄，抱着到处走动，也不停止。后来我实在是折腾累了，就让宝宝的奶奶搭把手哄哄，我就先睡了。后来迷糊间看见宝宝的奶奶把他给哄睡着了，放在我旁边。我心里一松就睡得更沉。第二天早上一觉醒来，第一时间去看宝宝，差点儿把我吓得蹦起来——宝宝脸朝下，屁股朝天，趴在那里，再加上冬天褥子厚，我真的不敢再想下去，赶紧将他翻了过来，这时才发现原来他自己侧过脸去睡的，没有被憋着。

这次的经历让我心有余悸，以后睡前我总是心情紧张，生怕他又翻过去趴着憋着自己，导致我夜里醒来要是看见他侧着睡，就赶紧将他放平，最后干脆让他枕着我的胳膊睡。婆婆说我紧张过度，说小孩子聪明着呢，怎么睡舒服就让他怎么睡吧。我虽然不反驳，但心里一直在想，婴幼儿睡觉被闷死、憋死的例子都被写到育儿百科里去了呢，可见这种情况是很容易发生的。反正我都不能安下心来，到现在宝宝都一岁多了，我最大的愿望居然是连着睡一个整夜觉，不用再惊醒。

儿科专家的话

不建议给 4 个月大的宝宝把尿。美国儿科学会建议宝宝应尽量仰卧，因为这种睡姿对宝宝最安全。宝宝喜欢俯卧也没有问题，但是必须要时刻关注宝宝有没有堵住自己的口鼻。

PART 10

宝宝出生第八个月

妈妈紧箍咒

🌷 宝宝越来越吝啬开口，我们有些担心他语言能力有障碍了。

🌷 宝宝这次拉肚子，时好时坏，她的小胖脸都瘦了一圈。

🌷 宝宝一直都要吃夜奶，晚上我要起来喂 2 ~ 3 次。

🌷 宝宝大便发绿是受到惊吓导致的？

🌷 我不敢把他单独留在房间里玩耍，生怕他磕着碰着。

🌷 宝宝贴在我身上，我感觉他身子很烫，然后他右脚开始规律性抽搐……

早开口晚开口，
这也成了妈妈的心病

萌宝小卡

昵称：乘宝

性别：男

年龄：1岁半

出生体重：3.7kg

宝妈小卡

姓名：梅子

职业：美术设计

年龄：29岁

分娩方式：顺产

焦虑指数：★★★

焦虑关键词： 开口说话　语言能力

　　儿子一出生，不管他听不听得懂，会不会回应我，我一直都绞尽脑汁地和他做各种交流，而且特别神奇的是，每次和他说话的时候，他也会很专注地看着我，尤其是后来几个月，他如果听得高兴，会噘起小嘴发出"喔、喔"的声音，我能感觉得到，这是儿子在附和我。不知道别的妈妈有没有这样的体会，反正我就觉得几个月大的宝宝们就是一个个小精灵：虽然他们不会发表意见，可是表情丰富，简直就是一个个"表情帝"。比如我儿子8个月大的时候，他坐着玩他的玩具，然后我就悄悄地藏起他旁边的一个玩具，将另外一个放在他旁边，结果人家看都不看，一把抓起那个不在"计划内"的玩具撇得远远的。然后我就故意夸张地说："宝宝，你怎么可以丢掉你最喜欢的小维尼？"然后小家伙就咧着嘴笑了，瞟了我一眼，仿佛在说："你骗谁呢，当我没瞅见？"那个小模样，简直能让人笑到肚子疼。

儿子 6 个月大时还肯给我一些回应，蹦出个音来。越到后来就越酷，连"爸""妈"的音都不发了。我们有些担心他语言能力有障碍。平时不管怎么逗他叫人，就只是笑笑，继续玩他自个儿的；逗得他烦了，小脾气上来了，就扔东西，然后绷着个脸，连微笑也欠奉。可把我们愁坏了！然而有一次，我下班回家，开门进去，他突然回头字正腔圆地叫"妈——"这让我很激动！原来这小子不是不会叫人，只是不愿意开口。

儿科专家的话

宝宝的语言学习过程分为多个阶段，在宝宝 4 个月大时就开始牙牙学语，他会用声音的高低来表达不同的观念，6 ~ 7 月时，宝宝又开始积极地模仿别人说话的声音，这个时候爸爸妈妈可以教宝宝一些简单的音节和词语。到 1 岁左右，宝宝已经可以发出比较清晰的音节，并且已经能够理解爸爸妈妈更多的语言了，这个时候，爸爸妈妈要多跟宝宝说话，跟宝宝互动，你对宝宝回应得越多，宝宝的语言发育就会越快。

关于消化不良的恐慌

萌宝小卡

昵称：宝宝

性别：女

年龄：10 个月

出生体重：3.8kg

宝妈小卡

姓名：宝妈

职业：程序员

年龄：33 岁

分娩方式：剖宫产

焦虑指数：★★★★

焦虑关键词：拉肚子　消化不良

　　宝宝突然之间就拉肚子，去医院看了，也给打了点滴，但回来还是没好。我们也给她吃了妈咪爱，三天了还是照旧！真要愁死了，唯一值得庆幸的是，宝宝精神还好，只是吃什么拉什么！给她喂的辅食，拉出来的还看得出是什么。这应该是消化不良了吧？我们真不知道该给宝宝吃什么了，因为工作的关系，宝宝 4 个月大的时候就被送回老家，强行断了奶，开始喝配方奶，现在 8 个多月了又被接回来，我发觉宝宝不怎么爱喝奶了。一天要拉好几次，我实在没有办法，怕她脱水，只好多给她补充一些生理盐水。我想这大概也是宝宝一直还能有精神的原因吧！

　　但是晚上的时候，宝宝突然很烦躁，一直在哭，先是我抱着哄，宝宝还是哭，而且还左右扭来扭去。我急得六神无主，宝她爸过来抱一会儿，结果宝宝哭得更厉害了。宝宝扭着身子把爸爸往旁边推，我只好接过来，宝宝突然大发脾气，用一双小手挠我的脸。心疼死我了，她该有多难受啊，我猜想宝宝应该是肚子疼，于是忍着被她的指甲划疼，一边亲吻，一边哄她："宝宝这是怎么咧？我的宝宝怎么会这么难受啊？是小肚肚痛痛吗？"宝宝逐渐安静下来，歪靠在我的肩膀上。我跟老公商量是不是要去医院。但是当时已经12点多了，而且因为白天才从医院回来，医生看了就是给宝宝打个点滴，现在又过去难道是看急诊？可宝宝现在又安静下来，迷迷糊糊似乎也要睡着了。老公说，再观察一会儿，如果还是哭就带她去。结果这一个晚上，我们俩连觉也不敢睡，就守着宝宝。不过，这一晚上她都没有再吵，总算让我们松了一口气。

宝宝这次拉肚子，时好时坏，吃了药，也按照老人说的，给她煮小米粥，喝奶也随她意，多吃点儿清淡的，就这样折腾了两个星期才完全好利索，她的小胖脸瘦了一圈。我和她爸爸现在是一听到宝宝拉肚子和消化不良就有些神经质了，任凭哪个做爸妈的，被这么折腾了半个月不神经衰弱才怪。

儿科专家的话

腹泻大多数是由于肠道感染了病毒或细菌导致的，多发生于6个月至两岁大的宝宝，对于病毒性肠道感染，没有任何特效药，治疗的原则是积极预防及防止脱水。可使用胃肠黏膜保护剂，如宝宝腹胀哭闹，可就医，让医生看看是否需要肛管排气，或口服硅油。大多数感染性腹泻都是由于手接触了感染源又接触了口腔导致的。一定要养成给宝宝勤洗手的习惯，家里的大人接触宝宝时，也要做好个人卫生。

夜奶不断，
就是妈妈不称职？

萌宝小卡

昵称：宝宝

性别：男

年龄：1岁

出生体重：3.5kg

宝妈小卡

姓名：宝妈

职业：全职主妇

年龄：30岁

分娩方式：顺产

焦虑指数：★ ★ ★

焦虑关键词： 吃夜奶　定时喂奶

　　我家宝宝去年十月出生，一直都要吃夜奶，平均晚上我要起来喂 2 ~ 3 次，现在他大了，晚上起来吃一次，但也得起来把尿两次。总之就是折腾得我一整夜觉都睡不好。

　　说起宝宝吃夜奶的原因，我觉得首先要从孩子出生时说起，当时大夫嘱咐我们，说要两个小时喂一次，睡着了也要喂，不喂的话，孩子容易低血糖。这下可把我们给紧张得不行了——开始没下奶的时候就喂奶粉，晚上孩子睡了也要按时给他喂，又是弹脚心，又是摸耳朵的，非要把他折腾醒不可。

后来终于下奶了，因为不用再花费时间去给奶具消毒，我更是严格按照医生说的每两个小时喂一次奶的嘱咐，但是晚上喂奶，实在是支持不住了，12点过后，我只好偷个懒，再说就算是大人，睡熟了被弄醒也会不耐烦呢！于是，如果他醒了，我就给他吃，不醒我们娘儿俩就继续睡。就这个样子，我作为随时恭候的"大奶瓶子"一直到宝宝7个月大。听说到了七八个月，母乳就没什么营养了，吃不吃无所谓。家里的老人不同意，说以前的孩子吃到两三岁的都有！再说了，现在宝宝吃夜奶，母乳最方便，而且孩子哭闹，喂奶是哄他的最好办法。于是，我就继续心安理得地给宝宝当"大奶瓶子"了。

儿科专家的话

用纯母乳喂养宝宝只需要遵循按需喂养即可，如果宝宝和妈妈都愿意，可以持续母乳喂养到宝宝1岁以上。宝宝随着年龄的增长，辅食的添加，吃夜奶的次数会慢慢减少，妈妈也不需要在夜晚将宝宝弄醒吃奶。

便便什么的，求给提示

萌宝小卡

昵称：宝宝

性别：男

年龄：11个月

出生体重：4.3kg

宝妈小卡

姓名：宝妈

职业：全职主妇

年龄：28岁

分娩方式：剖宫产

焦虑指数：★ ★ ★

焦虑关键词：便秘　大便颜色

　　我家宝宝这几天每天只拉一两次便便，还有两天一次都没拉，从昨天开始便便变稠了，就像大人拉的那种很黏的，能粘到马桶壁上，还很臭。昨天吃了一点点土豆泥、蛋黄和苹果，有时拉便便会像大人一样憋劲儿，也不知是不是便秘。

　　还有就是宝宝6个月大的时候，辅食中已经开始添加米糊，宝宝的便便出现过半黄半绿的现象，有时先拉一坨绿便再拉一坨黄便，有时一条大便左边绿色右边黄色，并且界线分明，真是让人摸不着头脑。

　　老人家就说宝宝大便发绿是受到惊吓导致的。中国的传统观念，特别是老一辈人认为，宝宝大小便训练越早开始越好，聪明的宝宝不尿裤子。宝他奶奶就是这样，给仍在襁褓中的宝宝把尿，并且很兴奋地夸耀说我家宝宝最聪明，不到 1 岁就不尿裤子啦！之前五个月是他奶奶在这边和我一起带，后来他奶奶单独带宝宝，结果宝宝便便什么的，就不那么配合了。前几天，宝宝他奶奶打电话说，现在给宝宝把便便，他很不耐烦，一直挺着肚子，弯得像一座桥就是不肯拉。再加上现在他小胳膊小腿儿力气大，奶奶抱着他要维持着把便便的姿势还真是有些费力，于是就只好依着他了，将他放在床上坐着玩。然而不到一会儿，他就坐着拉完，屁股、裤子、床上一塌糊涂！气得宝他奶差点儿揍他的屁股！

我也不知道为什么到了现在宝宝不愿意配合把便便，也许是因为生气和对抗吧！宝宝从小就机灵，我狠心将他丢给奶奶看着，他会不会是用这种方式来表达不满呢？

儿科专家的话

给宝宝把屎把尿是不科学的，它的危害不是马上就能显现出来的，但却很可能伴随宝宝终生。爸爸妈妈可以在宝宝两岁左右时对其进行如厕训练，爸妈要保持轻松、没有压力的态度，在训练中要时刻表扬宝宝的进步，不要批评他的小错误。

向学步车说"不"

萌宝小卡

昵称：宝贝

性别：男

年龄：1 岁

出生体重：3.6kg

宝妈小卡

姓名：宝妈

职业：市场营销

年龄：30 岁

分娩方式：顺产

焦虑指数：★ ★ ★

焦虑关键词： 摔倒　学步车　影响身体发育

　　我家宝贝走路比较晚吧，不敢放大胆子走，平时又不安分，喜欢到处抓东西。我不敢把他单独留在房间里玩耍，生怕他磕着碰着，所以我要是离开一会儿的话，就把他放在学步车里。今天也一样，我去做饭的时候，就把他放在学步车里面让他蹬着，在地上转来转去。过了一会儿，我忽然听到"嘭"的一声，宝宝哭得撕心裂肺的，赶紧跑出去，却发现他连人带车翻倒在地上。正好碰上宝爸下班回来了，他跑得比我快，赶紧把他抱起来，宝宝的鼻子嘴巴上蹭了好些灰，而且鼻子旁边还流血了。这下子可把宝他爸心疼得不行了，给宝宝擦拭也不让碰，哇哇大哭，我的肠子都快悔青了，也跟着大哭。后来抱着宝宝去换衣服的时候他才没再哭了。

原本我家宝宝 5 个月大时就开始坐学步车了，他很快就学会玩了，跟溜冰似的。我发现宝宝的脚更有力了，能站很久。但是这次摔了以后，我从网上查到关于学步车的一些问题，就开始担心起来：有的说孩子的骨头没长硬实，老这么蹲坐在学步车里，会长成罗圈腿，对腿部骨骼发育、脊椎发育不利等，反正是吓得我赶紧将学步车收了起来，但一想，学步车都用两三个月了，会不会已经造成影响了呢？还真是纠结啊！

儿科专家的话

学步车对宝宝来说的确是存在许多危害，一是宝宝待在学步车里，失去了锻炼爬行、站立、行走的机会，也使得宝宝的身体协调性很差。二是长期用学步车，会影响宝宝骨骼发育。三是用学步车违背了宝宝运动发育的规律。四是用学步车易发生安全事故。五是宝宝用惯了学步车，会使他错过了爬行学习期，对今后有较大影响。文中的妈妈不必太过担心，只要尽早把宝宝从学步车里解救出来，怎么都不会晚。

抽搐一分钟，妈妈的一个世纪

萌宝小卡

昵称：宝宝

性别：男

年龄：1岁

出生体重：3.4kg

宝妈小卡

姓名：宝妈

职业：全职主妇

年龄：29岁

分娩方式：顺产

焦虑指数：★ ★ ★ ★ ★

焦虑关键词： 发烧　规律性抽搐　高热惊厥　做 CT 检查　偏瘫

　　昨天凌晨 3 点多钟给娃喂奶时，他贴在我身上，我感觉他身子很烫，然后右脚开始规律性抽搐，我发现不对劲，开灯一看宝宝脸部僵硬，看上去在笑但是两眼发直，呈傻笑状。我喊他没反应就是一直呆呆的，我差点儿吓瘫了，赶紧叫老公，然后打 120，飞快地穿衣服，婆婆抱起宝宝时他全身僵直，基本没有知觉不能动，我给宝宝贴上退热贴。婆婆收拾好东西，我们就奔下楼，到小区门口就上救护车，往省立医院跑，车上的救护人员给宝宝用酒精散热，在车上我用手机查了婴幼儿"高热惊厥"，心里直打鼓，我都不知道在路上这一段时间是怎么过来的。下车时宝宝终于开始恢复知觉，哭闹，但这个时候宝宝虽然哭闹，但脸部还是有些抽搐。我们赶紧把他抱到急救室，医生询问了情况后决定立即打针，打完针在他头上又扎了滞留针然后抱去了住院部。

在住院部，医生看着孩子一直不出声，他询问了我家孩子的情况后，开口就说宝宝情况不妙，不是单纯的高热惊厥，有可能是脑部有瘀血，当他问"宝宝现在右侧偏瘫你们没有发现吗"，我才发现这一可怕情况！医生建议立即做CT！我和老公都知道CT对宝宝脑部有害，加上婆婆说老公小时候也出现过抽筋、口吐白沫、不省人事的情况，我们决定等到天亮。医生让我们填了不做CT后果自负的单子，老公和我都发抖得握不住笔了，实在没有办法只好签了。

早上给宝宝量了体温，38.6℃，医生马上拿来退烧药让宝宝喝了。因为高烧口渴，宝宝这时嘴唇已经发红干裂，我立即给宝宝喝水。因为宝宝面部还在抽搐，只能用吸管吸水滴到他嘴里。随即宝宝被抱去抽血，但因为高烧血管弹性差，头部基本抽不出血，又从脖子大动脉抽了一大管。老公送去化验，我和婆婆带着宝宝到病房，宝宝开始吊水，这时宝宝右侧身体依旧呈瘫痪状态！

我们一直给他按摩，却没有任何反应！按了快一个小时的时候，宝宝从半侧卧转成平躺，这时我发现他右手往上抬了一下，看到这个情况我敢断定他绝对不是偏瘫，因为只要偏瘫，那一侧身体都不能动，他现在手已经能动，说明腿也能动，只是时间问题！我噙着眼泪继续给他按摩右腿。几袋水吊完就到了早上7点多，宝宝醒了，体温也降下来了，开始恢复精神，像往常一样双手双腿一起动，把盖在身上的被子蹬起来，我跟婆婆都高兴得不行！赶紧让医生来复查，我跟他说了这个情况，他说如果能动了那基本排除脑部有问题的情况，应该就是单纯的高热惊厥！8点多钟我爸妈来了，我妈眼角通红、眼睛泛泪地把宝宝抱到怀里。

后来，我们通过熟人找来主任医师，接受了他的建议，做了脑部检查，然后得知：血糖偏高，钠低。总之，宝宝一切正常了，体温也降下来了（我在他额头和后颈都贴了退热贴），我也放下心来。等宝宝吊水结束我给他喝了奶，我妈抱着他，他睡了好大一会儿，他醒来又不对头，全身发烫，脸部通红，没精打采，哭哭闹闹，一量体温39℃，我们马上给宝宝喝了布洛芬又用温水擦身子散热，过了一会儿宝宝体温下降，开始恢复精神，又叽叽喳喳了！到了下午 2：30 给他喝了促进深度睡眠的药水，然后做了核磁共振，现在还在深睡！明天早上出结果，希望平安无事！

儿科专家的话

　　惊厥是儿科常见的急诊症状，其中的热性惊厥又是幼儿时期最常见的疾病，多见于 6 个月到 6 岁的宝宝。热性惊厥多发生在宝宝发热初期体温骤然上升时，此时要保持宝宝呼吸的通畅防止窒息，防止咬伤舌头，给予退热等对症治疗。宝宝发生惊厥后，爸爸妈妈一般都会带宝宝立刻就医，医生首先会给药控制惊厥发作，并会做相应的检查，如血、尿、便常规、血生化。有时需要行脑脊液检查排除颅内感染。文中的这个宝宝惊厥时为一侧肢体抽搐，所以医生建议做头部 CT，帮助诊断颅内出血或占位性病变或脑发育畸形。另外这种情况下，救护车去医院途中，护士用酒精擦浴帮助退烧这点是非常错误的。

PART 11

宝宝出生第九个月

妈妈心情表情帝版
——宝贝，妈妈禁不起吓

宝贝，你人生迈开的第一步，有爸爸妈妈见证！

母乳充足反而导致缺铁性贫血，乐极生悲啊！

妈妈紧箍咒

- 宝宝刚学走路，弄得我们很紧张，每次都要在后面张开双臂护着。

- 真是奇了怪了，为什么孩子每次都会摔到头？

- 我都担心孩子会不会摔傻了。

- 大夫看了检查结果后说是缺铁性贫血，还责备我是怎么带的孩子。

- 医生说是贫血造成的，难道是因为吃母乳的过错吗？

- 宝宝最近总上火，有口气和口腔溃疡。

- 我睡不着了，很不习惯和宝宝分床睡。

- 磕到头了，脑子要真的有淤血的话，一时半会儿也反映不出来吧？

- 到医院，拍了片子，抽了血，证实是肺炎，当时真的感觉天快塌了。

颤颤巍巍地走路，
炸开翅膀地保护

萌宝小卡

昵称：宝宝

性别：男

年龄：13 个月

出生体重：3.8kg

宝妈小卡

姓名：宝妈

职业：教练

年龄：28 岁

分娩方式：顺产

焦虑指数：★ ★

焦虑关键词：磕脑袋　摔跤

　　宝宝刚学走路，头半个月只能颤颤巍巍地站起来，扶着沙发和床沿走几步，弄得我们很紧张，每次他要走路，我们都要在后面张开手护着，一个不小心，他就能骨碌一圈滚倒在地，大脑袋铁定磕地上。这不，前几天他自己放开手脚走了一段了，很开心。结果在床上走的时候磕到床头柜的棱角，额头出血了，哭得可伤心了。他今天在洗手间门旁边又滑倒了，后脑勺儿又撞到门上，也被磕出了血，口子还挺长的，这下子我们都自责加心疼，后悔死了，也不知道还要不要让宝宝再学走路了。宝宝马上就满 10 个月了，按道理说，现在走路也不算早了吧？

今天婆婆带他，他也是要自己走，婆婆弯腰在后面护着，跟着他走得满身大汗，结果婆婆手一滑，儿子就摔了，又摔到头了，虽然这回没摔破，但我还是心疼死了。真是奇了怪了，为什么孩子每次都会摔到头？再多来这么几次，我都担心孩子会不会摔傻了。婆婆也心疼，但我想着哪个孩子学走路不摔的，因此就安慰她，也安慰我自己说没事的，老家的人不是还说小孩子摔松了皮还好长一些吗？不过公公责备了婆婆，怪她看不好孩子……以前邻居来逗我们家宝宝，抱着他玩时，掉到床上摔破了头和嘴，我都没敢跟家里人说是邻居抱着摔的，就说是自己抱着摔的。公公光心疼也没说啥，要是知道邻居抱着摔的，他铁定讨厌死邻居了……

儿科专家的话

10个月左右的宝宝应该是在学爬行阶段，在1岁左右才能熟练地爬行并开始学着站立，随着平衡能力的提高，宝宝才开始晃悠地迈步，可能只走出一步便会摔倒，只要几天，宝宝就会连续走出好几步。即使宝宝表现得进步很快，爸爸妈妈也营造出了安全的学步环境，他仍然会摔得皮肤淤青，不需要对摔跤太过紧张，给他安慰或者拥抱，他就不会觉得难过，会继续练习。

母乳充足反而会导致
宝宝缺铁性贫血？

萌宝小卡

昵称：宝宝

性别：男

年龄：1 岁

出生体重：4.2kg

宝妈小卡

姓名：宝妈

职业：全职主妇

年龄：30 岁

分娩方式：剖宫产

焦虑指数：★ ★ ★ ★

焦虑关键词：缺铁性贫血　母乳喂养　补充维生素

　　我一直坚持纯母乳喂养，在宝宝 6 个月大的时候我才开始给他添加辅食，结果去医院给他做了个微量元素检查，显示缺铁、缺锌，大夫看了检查结果后说是缺铁性贫血，还说我是怎么带的孩子，当时我就紧张了，问医生怎么会出现这种情况。要知道我的母乳一直充足，孩子每次都能吃饱呀。医生就说是辅食加得晚了，给孩子开了好多补维生素类的药品。

　　我想起我家宝宝的脸色老是黄黄的，已经有两个月了，因为一直吃的是母乳。这回医生说是贫血造成的，难道是因为吃母乳的过错吗？这真的让我无法理解了。不过我怀孕的时候，就是缺铁性贫血，有没有可能是那个时候就埋下了隐患呢？他还是不怎么爱吃辅食，仍然是以母乳为主，为了给他补铁补锌，我经常吃猪肝和瘦肉，但也不见效。看到人家孩子的小脸白里透红的，我真是羡慕嫉妒恨啊！

我上网查了查，发现也有好多宝宝和我家的宝宝症状一样，也是脸色发黄，检查的话也是说缺铁性贫血。我总结了一下，发现出现这种状况的宝宝们都是吃母乳吃到很大月份，而且孩子还不爱吃辅食，妈妈也因为母乳很充足就没怎么强制性地要求宝宝吃辅食。这么一来，我肠子都悔青了，要是从宝宝 6 个月大的时候就开始有计划地给他补充维生素，不就什么事情都没有了？可惜这世界上没有后悔药。

儿科专家的话

　　1 岁以前，母乳是宝宝最好的食物，但是母乳中铁含量是偏低的，所以长期纯母乳喂养会导致宝宝患缺铁性贫血。一般从 6 个月左右开始添加辅食，如果添加辅食过晚，则宝宝摄取铁的量减少，就容易出现缺铁性贫血了。预防宝宝的缺铁性贫血就应该在 6 个月大时及时添加含铁丰富且铁吸收率高的辅食，注意膳食的合理搭配。

偏食上火，
压在妈妈头上的一座大山

萌宝小卡

昵称：宝宝

性别：男

年龄：14个月

出生体重：3.2kg

宝妈小卡

姓名：宝妈

职业：理疗师

年龄：30岁

分娩方式：顺产

焦虑指数：★★

焦虑关键词： 上火 口腔溃疡 偏食

我家宝宝最近总上火，有口气和口腔溃疡，不是很严重。他偏食不爱吃蔬菜，这下可好，上火了，他变得更挑剔了，蔬菜那是一丁点儿都不吃了，还动不动就不肯吃饭。他疼起来时，总是和我闹，还哭个不停，弄得人心里可烦了。之前因为比较宠着他、惯着他，从来没委屈过他。弄得现在倒好，他不吃饭，我是怎么吓唬强迫都不管事。有时候在水里加了果汁之类的，他勉强喝了半杯。我还给他变着花样地做去火的辅食，因为怕他上火更厉害，连奶粉都不敢给他喝了。每次吃饭我都得耐心地给他讲道理：要是不吃饭，你嘴里的泡泡就好不了；不听话，爸爸妈妈以后再也不给你买好吃好玩的了……我说了好多好多，让他吃一些可是老费劲了。越是这样，营养越跟不上，抵抗力就差，上火就会更严重了吧？听说还容易引起其他诸如感冒、扁桃体发炎等问题。这可叫我怎么办才好啊！

也不知道是不是因为天气太热才导致他上火的，自从上火后，奶粉他不喝了，也很挑剔，要吃不一样的东西，一开始吃了两天米粉，然后不肯吃了；我又弄了蒸的蛋黄，吃了两次又不肯吃；那就喝粥吧，吃肉松，还给他换了别的口味，但也是吃了几回也不肯吃了。他难受，脾气也很大，大约是口腔里很疼，饿的时候，我逼他喝配方奶，他也不喝，哭累了就睡着。可惜我的乳汁很少，就算他愿意吃，也根本吃不饱。晚上他不知道要醒多少次，也不肯吃什么，除了吃母乳，不给吃就哭。反正我现在是一点儿精力都没有了，他应该不是没胃口吧？而且最气人的是用勺子喂他粥他不吃，得用筷子喂，要不就直接抱着碗啃，让人无奈又心疼。宝宝只是一次上火而已，就把我折腾成这个样子，我还真的是一个失败的妈妈。

儿科专家的话

现代西方医学中是没有"上火"这一说法的，口腔炎是由病毒或者细菌感染导致的。如果明确了是细菌感染，那就要进行抗生素治疗。平时要保证宝宝蔬菜的摄入量，尽量不喝或者少喝饮料，宝宝拒食哭闹的话可以用开塞露帮助排便，辅食的添加是循序渐进的，开始宝宝可能吃 1～2 勺米糊，爸爸妈妈不需要过于紧张。

睡哪里是个难题

萌宝小卡

昵称：宝宝

性别：女

年龄：9个月

出生体重：3.5kg

宝妈小卡

姓名：宝妈

职业：幼儿教师

年龄：29岁

分娩方式：顺产

焦虑指数：★ ★ ★

焦虑关键词： 吃夜奶分床睡　受惊

　　头七个多月，宝宝一直是和我们一起睡的，因为她有吃夜奶的习惯。所以我睡中间，她睡外边，宝她爸爸睡床里边——之所以不让宝宝睡中间是怕我们睡着了翻身的时候压着她。从宝宝6个月大的时候给她喂了辅食，晚上慢慢地她就不再起来吃奶了，有时候能一觉睡到天亮。现在宝宝9个多月了，我们想着是不是该跟她分床睡才好。

　　人家国外的父母养孩子，宝宝出了月子就在另外一个房间里睡，据说这样有助于培养孩子的独立生存能力。咱们这里可不兴把那么小的孩子丢在另一个房间。不过因为宝宝越来越大，睡觉的时候总喜欢动来动去，而我又怕压着她，所以总是让她枕着我的胳膊睡。这样一来，一晚上下来我的胳膊麻得半天缓不过来就不必说了，宝宝好像也不是很舒服。我查了一些资料，人家说家长用胳膊给宝宝做枕头不利于宝宝的颈椎发育。我和老公商量，买了一张婴儿床放在我们的床的不远处。就这样分床不分房，先让宝宝睡睡试试。

第一天晚上，我还是抱着她让她睡着，然后轻轻地放到婴儿床上。没想到她是睡得香香的，我是睡不着了，很不习惯怀里没娃的感觉。只好看着婴儿床里的宝宝，心里默念着分床睡对她好，迷迷糊糊总算睡着了。谁知道半夜里突然一激灵，没有预兆地就醒了过来，一看床上没有娃，因为刚睡醒根本就没反应过来，吓得我的魂都快丢了。想都不想一巴掌拍在老公身上："老公，孩子呢？"声音太大、太尖，然后我听见"哇"的一声，居然是宝宝大哭了——看来是被她的神经质老妈吓醒了。老公的好梦被惊扰，又看到孩子也被我吓醒了，抱怨说："我看分床睡最需要适应的是你这当妈的！"

儿科专家的话

目前对于宝宝是否和父母分床睡的观念其实是有争议的，但是分不分遵从的原则和目的都是让宝宝安心睡觉。尤其是夜间安稳的睡眠会促进宝宝的成长和生长发育，也能提高宝宝对疾病的抵抗力。如果宝宝自己睡在小床上没有任何困难，就可以让他自己睡，如果宝宝自己在小床上很难入睡或者在小床上睡不了多久就会醒来或哭闹，就不要分床。

碰到头了，会变傻？

萌宝小卡

昵称：宝宝

性别：男

年龄：10 个月

出生体重：3.6kg

宝妈小卡

姓名：宝妈

职业：全职主妇

年龄：30 岁

分娩方式：顺产

焦虑指数：★★★★

焦虑关键词：磕到头　瘀血

我家是男宝，原来挺斯文的，没想到现在大点儿了，超活泼，超爱动，没一刻是安静的，尤其是现在他还喜欢扶着床和桌子腿儿时不时地走几步，走不稳，所以经常摔着，一摔就是"咚"的一声，让人心肝儿都颤三颤。昨天他摔得狠了，头上起了包，我用凉毛巾给他按着又敷又揉的，也没有多大效果，真是担心他脑子里会不会有瘀血，不过揉着揉着他也不哭了，然后安抚似的让他吃几口母乳，一会儿他就睡着了。好像也没有什么异常的反应！但是脑子要真的有瘀血的话，一时半会儿也反映不出来吧？我在网上搜到一个帖子，说一个孩子高烧不退，一直说头痛，大人带他去医院，告诉医生说前几天摔着了，然后就给孩子做了个 CT，发现脑袋里面有瘀血，发炎了，是脑膜炎……看到这个消息，我立马就坐不住了，跟老公说带孩子去医院检查一下比较好。不过宝他奶奶却有些不以为然，说哪个孩子不摔摔打打的，他堂哥堂姐小时候不照样摔着磕着了，也没见变傻。我有些气不忿，宝他奶奶也给他大伯、姑姑家看过孩子，所以不是很在意宝宝学走路摔着的事情，她这么一说就显得是我神经质了。老公说等宝宝醒来再观察观察，如果没什么异样就先不用往医院跑了。

话是这么说，但是后来的几天，我都是心神不宁的，生怕宝宝不舒服，但不会表达，就会被我们忽略了。所以我动不动就摸摸孩子的头，给他量体温。宝宝要是少吃了一些，我都要心惊肉跳好一会儿。所幸过了 3 天，宝宝什么特殊症状都没有，不过中间有过两次吐奶，应该没事的吧？

儿科专家的话

　　1 岁左右的宝宝还处在学习独自站立和行走的阶段，不可避免会摔跤，有时会磕到头，导致头皮下出现淤青肿胀，爸爸妈妈只需要密切关注宝宝摔跤后的精神状态，有无喷射性呕吐，如果有，那就需要立即到医院就医，做简单的检查，如头部 CT，可以直观地看出脑部有无出血灶，脑实质有无水肿。如果仅仅是皮下水肿或血肿，在 24 小时内还是应该冷敷，不要按摩，24 小时后可以热敷按摩。

听起来很恐怖的肺炎

萌宝小卡

昵称：乐宝

性别：男

年龄：1 岁

出生体重：4.3kg

宝妈小卡

姓名：乐宝妈

职业：个体户

年龄：29 岁

分娩方式：剖宫产

焦虑指数：★ ★ ★ ★

焦虑关键词： 感冒咳嗽　 肺炎　 气喘

　　我家乐宝贝前两天感冒咳嗽了好久，后来还反复发烧，因为超过 3 天，所以只好到医院，拍了片子，抽了血，证实是肺炎！当时真的感觉天快塌了，深深地自责，一直觉得不会那么严重，拖了几天害了宝宝！

　　乐宝快 10 个月大了，这次因为患上支气管炎、肺炎住院十多天。大夫再来检查的时候，说是用听诊器听不出什么问题，拍的 CT 也没啥问题，可以出院了。可是孩子还是有些咳嗽、喘，喉咙里总是呼噜呼噜的，我担心出院后，他的病情会反复，但是继续住院，就必须一直挂水，那样对孩子没啥好处，孩子还遭罪。真是令人纠结。

　　我从来不知道宝宝不发烧也可能是肺炎！我家乐宝前几天偶尔咳嗽，也没有发烧，我们以为只是普通感冒，就没太在意，只给他喂了点儿童感冒药。结果连着 3 天，他的症状没有减轻，咳嗽反而还加重了！于是我们赶紧带他去医院检查，医生用听诊器一听，说是肺炎，我听到这个消息头都要炸了：刚咳了三四天呀，怎么会是肺炎？医生也说还没见过这么快就发展为肺炎的，一般都是咳的时间长了才导致肺炎的。我不放心，给宝宝拍胸片确诊，最后还真的是肺炎！

一般小儿得肺炎大夫肯定要输液，而且至少要输 5 天，我家乐宝也不例外，大夫要给他输液。可是我家乐宝还这么小，实在是不想给他输抗生素了。我们挣扎了很久，最后让大夫给开了点儿中成药，打算让乐宝回家好好养着。回家后药给乐宝吃着，也给他做了推拿。因为我之前在中医院上过班，对推拿比较感兴趣，专门去学了一些，现在刚好派上用场。一天推拿两次，一次半个小时，推拿虽然没有输液见效那么快，但是孩子不受罪呀。不用输抗生素，不用担心抵抗力下降，经常推拿按摩还可以增强体质呢。

饭粒、土豆，居然还有鱼块……
吃啥拉啥，伤不起啊！

儿科专家的话

　　肺炎大多数继发于病毒性的上呼吸道感染，除了卧床休息和控制体温外，没有特殊治疗方法。病毒性肺炎会在几天内好起来，但咳嗽会持续好几个星期。如果医生觉得肺炎是由细菌感染引起的，会给宝宝开头孢口服，并且一定要等服药一个疗程后才停药。这种情况下，不建议给宝宝服用中成药。

PART 12

宝宝出生第十个月

妈妈紧箍咒

🌷 宝宝偏喜欢直接在草地上爬，不时地还拔拔草、抠抠土。

🌷 这么淘气，一家人都围着他团团转。

🌷 宝宝睡不好觉会不会跟看电视看多了有关系？

🌷 总之对他的浅睡眠问题，我是抓心挠肺地担心了。

🌷 果汁是甜的，我担心宝宝喝多了会长蛀牙。

🌷 宝宝拉肚子，严重的时候吃什么拉什么。

🌷 我在他的脖子后面、发根下面发现了一个米粒大的疙瘩。

🌷 这个叫筋疙瘩的东西真的对宝宝的健康没有损害吗？

🌷 拍了片子，医生说胃里是有一个异物，这下子我手脚都冰凉了。

危险的淘气和
让人一惊一乍的创意

萌宝小卡

昵称：周周

性别：男

年龄：13个月

出生体重：3.6kg

宝妈小卡

姓名：周周妈

职业：记者

年龄：32岁

分娩方式：顺产

焦虑指数：★ ★ ★

焦虑关键词： 什么都用嘴尝　抢东西　打人

　　周周满10个月了，给我们带来了很多惊喜：能扶着固定物，轻松站起来，甚至还可以挪动一两步；会拍手表示"欢迎"，会用"哼哼"声表达不满，会对喜欢的人挤眉弄眼，然后嘎嘎乐；除了叫"爸爸""妈妈"，还偶尔冒出"阿普"的音，怎么听怎么像在叫外婆，再不然就"打打打打"挂嘴边，这在我们的方言里，恰好就是"奶奶"的意思……粗略一算，还真是长了不少本事，而在过去的30天里，所有认识他的人给他最多的评价就是：顽皮！

　　如今在周围的娃娃群里，周周永远是最脏的一个。我每次不辞辛苦，从家里带了大大的野餐垫，可周周偏喜欢直接在草地上爬，还不时地拔拔草、抠抠土，大人稍不注意，还偷偷塞到嘴巴里尝尝"鲜"！爬得没意思了，就挨个研究小朋友们的婴儿车，这个轮子摸一摸，那个轮子看一看，再不然就扶着车身站起来，然后得意地左顾右盼，或是找准"下脚点"，努力地继续往上爬……总在一起玩的牛牛姥姥开玩笑说周周大概成不了"周杰伦第二"了，成天地修车轱辘瞎闹腾，没一点儿艺术细胞。

经过一个月的"潜心钻研"，周周现在的爬行功夫很是了得，不但可以跪爬，而且能够轻松翻越障碍继续爬行，有一晚他睡得迷迷瞪瞪，竟然还想从爸爸的身上爬过去，还好他爸爸及时吓醒，否则又得酿成一次"坠床事件"。

周周现在还能够"费力"地爬上沙发，有时甚至还想爬到沙发的靠背上，无奈没有支撑点，只能气得干着急。

周周现在颇有"坏男孩"的毛病，首先是爱"打人"，无论大人小孩，不管喜欢与否，好像打招呼或表达情绪的唯一方式就是猛地倒过去，然后伸出两只手，一气乱舞。天天带他的外婆"受害"程度最严重，一会儿脸被周周抓了，一会儿嘴唇又被周周手里的玩具碰破，外婆已多次向周周声明：等你长大后，必须带外婆验伤去！其次是我的眼镜，稍不留神就被周周一把夺走，顺带着还让我受点儿轻伤，迄今为止，在周周的辣手摧残下，我的第三副眼镜又快下岗喽。

今早带周周上医院检查舌系带，他也一刻不消停，排队的时候，揪揪前面阿姨的长头发；医生开单子的时候，他竟然想去抓医生头上的帽子；害得我一个劲儿跟人说"对不起"。外婆抱他到走廊上和一个 7 个月大的小弟弟玩，小弟弟今天刚剪了舌系带，正哭着呢，外婆让他和弟弟握握手，谁料他一出手，就给了弟弟一巴掌。小弟弟的爸爸是个警察，故意逗周周说："你打弟弟，警察叔叔要批评你了！"周周倒也不含糊，直接扑到警察叔叔身上，想揪他的警徽玩，顽皮的样子简直让人无语。

对于玩具，周周和其他小朋友一样，永远喜欢别人手上的。朋友航妈说，她家的航航热爱一切"非玩具",我家的周周亦是如此,家里人的拖鞋,他一有机会就抓了来,玩得不亦乐乎,还不失时机地塞进嘴里尝一尝,我屡屡禁止却仍不奏效。鞋柜旁边的鞋拔,他每天拿来,像玩金箍棒一样舞动,还乐得"啊啊"大叫。外婆拿脸盆为他洗手,他把水拍得四处都是,还紧紧拽着脸盆,不让外婆拿走,结果,这个小脸盆也成了他的最爱之一。带周周外出吃饭,他看见桌上的锅碗瓢盆,眼睛都亮了,挣扎着想拿来玩,结果打破了一个小勺,我再不敢给他玩儿,赶紧抱着他去别处找乐子。最近家里买了单反相机,每次拍照的时候,周周都对这个大黑匣子充满了兴趣,扑着、拽着,想尽一切办法,就盼望着能抓在手里研究研究,所以,周周爸爸给我们拍照的时候就像打游击战,随时防着他来抢。这些事三天三夜也说不完,我们算是一家人都围着他团团转了,也不知道为什么他的变化会这么大。

儿科专家的话

　　宝宝的爬行能力在 10 个月左右时已经变得很强,并逐渐学会站立和行走,除了这些大运动能力得到提高,宝宝的动手能力也在发生着变化。先是用手去抓东西,用手指捏东西,当他学会自如地松开手指后,又会开始扔东西,在宝宝的身体协调性提高后,他会对所看到的所有东西更加感兴趣。文中的宝宝正是处于这个时期,所以爸爸妈妈会觉得他很顽皮。

电视是宝宝浅睡眠的
罪魁祸首？

昵称：迪迪

性别：男

年龄：14 个月

出生体重：3.6kg

姓名：迪妈

职业：教师

年龄：30 岁

分娩方式：顺产

焦虑指数：★ ★ ★

焦虑关键词： 哭闹　补钙　电视影响睡眠

　　我儿子 10 个月大，特别爱看电视，以前电视开着，他也就偶尔看一两眼，现在盯着电视看，大人在前面挡着，他还用小手推大人，用书挡着他就把书抢过去扔一边接着看。他之前晚上睡觉，睡眠质量也不高，现在更是晚上从没睡好过，不知道是怎么一回事，晚上睡觉总是睡不到 20 分钟就会哭闹，而且睡的时候我都是一直陪他的，大部分时间都会把手臂给他枕着睡，我自己这么别扭地保持着姿势，原本是想让他睡得更好一些，谁知道大人累得半死，他的睡眠质量仍然是没跟上。为这个我们全家都发愁，想来想去也不知道是什么原因，查找了各种各样的信息，连缺维生素需要补钙也信了，每天钙也补上了，但还是没有什么太大的改善。

　　这个月因为注意到宝宝变得对看电视很有热情，我就想，会不会宝宝睡不好觉跟看电视看多了有关系？家里的是液晶电视，据说小孩子都是远视眼，会不会对小孩子的眼睛有伤害？还有人说婴儿也是有梦境的，会不会因为他看了许多电视节目，接收的信息量太大，导致他的梦境太复杂，干扰了他的睡眠呢？我有一肚子的问题，总之是对他的浅睡眠问题抓心挠肺地担心了。

儿科专家的话

　　电视对 3 岁以下宝宝的危害不仅仅是视力受到影响，0 ~ 3 岁是宝宝成长的关键时期，宝宝需要在真实的环境中锻炼大运动和精细运动能力，情感社交能力和语言能力，过早地接触电视，宝宝的注意力转移到电视节目上，能力的发展会停滞。如果是在睡前看电视，也会影响宝宝的入睡和之后的睡眠质量，这会对宝宝的身体发育有很大危害。

辅食多起来，牙牙洗起来

萌宝小卡

昵称：宝宝

性别：女

年龄：14 个月

出生体重：2.8kg

宝妈小卡

姓名：宝妈

职业：营销策划

年龄：28 岁

分娩方式：顺产

焦虑指数：★ ★ ★

焦虑关键词： 长蛀牙　刷牙

　　我家的宝宝从 5 个月大就开始逐渐添加辅食，尤其是鲜榨果汁，宝宝很爱喝，虽然我没有额外添加糖，但是果汁也是甜的，而且她吃了以后又不能刷牙，我担心她会长蛀牙。她 6 个月大的时候就冒牙了，我每天早晚用医用纱布蘸着温水给她擦洗牙床。她当然是不肯配合，头摆来摆去，咬得紧紧的就是不配合。这个时候，就要找帮手了。早上她爸爸上班去了，我就叫我妈妈帮忙，让宝宝她姥姥抱着，然后我就拿吃的东西逗她，等她一张嘴就赶紧用手指伸进去擦洗一圈。每次都是速战速决，也不知道到底洗干净了没有，反正是洗了，也只当作是一种心理安慰吧。

　　现在宝宝 10 个月大了，上下牙各有 4 颗。而且也不知道是不是遗传原因，宝宝的牙很稀也很小，平时看见什么就喜欢往嘴巴里送，用牙齿啃啃，每次都搞得我如临大敌，生怕她一不小心就把她的小嫩牙给磕掉了。保护宝宝的牙齿健康，这个事情被提上了家庭议事日程。

我看到有好多两三岁的小孩子，还没到换牙时期，一嘴巴的牙就黑乎乎、七倒八歪的，可把我们吓着了。我前几天逛商场的时候，给宝宝买好了专用的婴儿硅胶牙刷，营业员说是给小宝宝刷乳牙用的，只需用清水刷就可以，但是今天听我嫂子说宝宝还太小不需要刷牙，说小宝宝的牙齿上有保护膜，刷牙会破坏掉保护层，反而更容易有蛀牙，听得我很疑惑，是这样吗？满 10 个月的宝宝需不需要刷牙呢？如果不刷牙又该怎么护理呢？那些两三岁就有蛀牙的孩子是因为婴儿时期不注意牙齿健康才产生蛀牙的吗？

儿科专家的话

只要发现宝宝开始长牙，就应该使用婴儿专用牙刷给他刷牙，不能让宝宝一边吃奶一边睡觉。到宝宝两岁多时，乳牙应该出齐了，更加要注意口腔卫生。这时爸爸妈妈应该帮助宝宝用软毛牙刷每天刷牙两次，并使用含氟牙膏。同时除了保持规律刷牙的习惯外，还要注意饮食习惯对牙齿的影响，不建议宝宝喝鲜榨果汁，不要进食糖果。

上吐下泻，生理盐水来救急

焦虑指数：★★★★

焦虑关键词：拉肚子　秋季腹泻　果泥

　　我的宝宝 10 个月大的时候正赶上夏末秋初，拉肚子有两个星期了，严重的时候，已经到了上面还在吃，下面已经开始拉，吃什么拉什么的地步！腹泻连着有两个星期了，跑了三趟医院，吃了妈咪爱、斯密达，但也没什么效果。反复折腾，眼看着儿子瘦了下去，从之前的小胖脸瘦成了小尖脸，别提多心疼了。

　　那段时间真是刺激到我了，孩子拉得厉害，生怕他脱水，就把那种用于口服的生理盐水放在他专门用来喝水的奶瓶子里给他补充水分和流失的盐分。这样做效果还是有的，至少孩子虽然还是不舒服，但精神还是好的。于是我和老公就找各种途径查资料，上网查类似的儿科病例，最后我们觉得，孩子的症状应该是属于秋季腹泻。反正医生也说没有什么立刻就治好的法子，我们不如按照食疗的法子来。因为儿子已经 10 个月大了，我担心母乳营养不够，在几个月前就将母乳、配方奶粉混合喂养他了，辅食给他加一些蒸蛋之类。现在还是这样，反正只要他吃，我就一定换着花样给他做。

当然，最重要的是我坚持给儿子贴丁桂儿脐贴，给他吃果泥！我每天就用榨汁机打半个苹果，榨成苹果泥，然后喂他吃，一天吃三次左右。有时候也换着法子，在米饭里蒸上一个苹果，饭熟了，苹果也蒸好了，晾凉了用小勺子挖给他吃。就这么着，到第三天，儿子居然不拉肚子了！

儿科专家的话

在婴幼儿中，引起腹泻最常见的就是腺病毒和轮状病毒。对于病毒性腹泻，并没有任何特效药。轻微腹泻还没有发展到脱水状态时，就应该买一些电解质溶液加入到宝宝的日常饮食中，以维持体内正常的水电解质平衡。腹泻的宝宝并不需要禁食，在他服用口服补液盐 2 ～ 3 天和腹泻症状减轻时，可以添加苹果泥，吃清淡的食物。

不痛不痒但看着
让人心慌的筋疙瘩

昵称：宝宝

性别：男

年龄：10 个月

出生体重：3.7kg

姓名：宝妈

职业：HR

年龄：30 岁

分娩方式：顺产

焦虑指数：★★★★

焦虑关键词： 米粒大的疙瘩小囊肿　筋疙瘩

　　儿子 10 个月大了，最近我在他的脖子后面、发根下面发现了一个米粒大的疙瘩。去儿童医院检查，医生说是小囊肿，只要不继续长就没事。但是我们抱着孩子去看中医，大夫却说这是筋疙瘩。从发现这个小东西到现在有 4 个月了，摸上去没变化，也没怎么长大；平时也看不出，但只要孩子一低下头来，就能摸得到。

　　这个叫作筋疙瘩的东西看不见，不是长在外面，而是藏在皮肤里的。用手能摸到，要是没发现还好，自从知道有这么个不知道什么时候就会变成"定时炸弹"的小东西，每天都担着心。和小区里其他的家长交流，有人说是上火引起的，没事。那是黄豆粒一样大小的小疙瘩。孩子平时也不疼不痒的，该吃吃该喝喝，也没觉得他难受，按理说我应该不担心的，可是越是这样未知的东西，我就越忧心得很。宝宝他爷爷却说这不是上火，是有病。但是我们去医院，医生却说没什么，真的不知道该听谁的了，还有这个叫筋疙瘩的东西真的对宝宝健康没有损害吗？该怎么给他消除呢？

儿科专家的话

发现宝宝颈部有小肿物，需要做浅表肿物的超声波检查来明确肿物的性质，一般的小囊肿或者是淋巴结不伴有发热、疼痛，表皮红肿的话不需要特殊药物治疗，可以给予中药外敷治疗。

宝宝吞食异物后的惊心动魄

萌宝小卡

昵称：宝宝

性别：男

年龄：1岁

出生体重：4.2kg

宝妈小卡

姓名：宝妈

职业：化妆师

年龄：28岁

分娩方式：剖宫产

焦虑指数：★ ★ ★ ★

焦虑关键词： 吞食异物　做手术

　　事情发生于 1 月份，当天中午，我带宝宝在外面吃饭，把他放在婴儿座椅上，由于他总是闹，于是就随手拿了一个颜色鲜艳的塑料袋给他抓着玩。

　　他抓着用牙咬，我也没怎么在意，反正才 10 个月大，就上下两颗牙齿应该也咬不破的吧。谁知道眨眼工夫，宝宝竟然将那个硬塑料袋咬破了个口子，还撕下一片来，并迅速地将塑料袋碎片吞咽下去了，随即他开始作呕吐状，眼睛都发红。我吓得立刻站了起来，抱他到店口门，用海姆立克手法：将他的头向下斜，右手握拳头顶住他的胃部，用力轻轻反复顶。然而他除了呕出点儿奶水以外，并没有发现其他异物，但是我很肯定他一定是误吞了塑料袋的碎片。就这么折腾了一会儿，没吐出什么东西，宝宝也有些不耐烦起来，只好将他抱了回来，回家后，我一直观察他的精神状态，发现也没什么异常。那个大约被他吞掉了的塑料袋碎片，长约 1.5cm，菱形，质地还是有些坚硬的。我心里暗想，希望不要出什么意外才好。

我跟老公说宝宝吞了异物，老公当即脸色就不好看了，怪我没看好孩子。然后抱着孩子就去医院，拍了片子，医生说胃里是有一个异物，这下子我手脚都冰凉了，脑袋里嗡嗡直响，什么都听不进去了。医生说回家观察，看看孩子今天晚上有没有拉出来，如果拉不出来，明天就来做手术！

回到家里等着他便便，我用木棍翻动便便找异物，一连两次都没找到。我只好放弃了，准备第二天去做手术！

然而，来到医院，医生打算做手术前，再照一次片子，居然发现异物不见了！当然手术也不用做了。到如今，那块消失的塑料碎片都是我心中的一道梗，担心它是不是还留在宝宝身体里，会不会影响到他的健康。

儿科专家的话

1 岁左右的宝宝活泼好动，喜欢用手抓东西放入嘴中，这样会有吞食异物的危险。爸爸妈妈要经常检查玩具上容易被扯下或者损坏的小零件是否完好，尤其是要注意一些电动玩具上安装的纽扣电池，一定不要让宝宝拿到。误吞了硬币、塑料块之类的东西，它们在胃里不被消化，有被排出的可能；如果纽扣电池被误吞，强腐蚀性的电池内液会烧伤宝宝的食道，甚至有可能导致食道穿孔从而出现更大的危险。预防这些危险的发生就是不要让宝宝有接触电池、硬币、笔帽等东西的机会。

PART 13

宝宝出生第十一个月

妈妈紧箍咒

- 我们家宝宝每次去医院体检，都超重，医生说要锻炼锻炼。
- 宝宝爬两下就想着自己站起来，站不起来就又翻滚着坐下来。
- 住在城市里很不好的是，就算是早晨，空气质量也算不上好。
- 喇叭声猛地响起，宝宝就浑身一激灵。
- 马路上车辆一过，宝宝就使劲揉眼睛，看来是灰尘迷眼了。
- 胖小子越来越沉，抱他出去玩一圈还真的是个力气活。
- 给宝宝把屎把尿他不耐烦，整个身子向上打挺，成了一张弓。
- 现在宝宝已经 11 个月大了，黏我的状态没有一点儿改变，甚至更严重了。
- 宝宝逐渐长大，我发觉他越来越懒得开口了。
- 感觉宝宝的左手比右手灵活，真担心她以后会是个左撇子。

直立行走第一步

萌宝小卡

昵称：宝宝

性别：男

年龄：12 个月

出生体重：3.7kg

宝妈小卡

姓名：宝妈

职业：办公室文员

年龄：31 岁

分娩方式：顺产

焦虑指数：★ ★

焦虑关键词： 缺少锻炼　学走路

　　宝宝出生快 12 个月了，今天我让他扶着床学走路，但他有点儿害怕，自己没有扶好一屁股坐在地板上哭了起来。然后看见我在旁边，就往我怀里爬，没有办法，我只好把他抱起来。爷爷奶奶十分宠宝宝，每天就知道抱着宝宝，都不怎么让宝宝学走路，现在可好，吃得胖胖的，都不知道怎么减肥！我们家宝宝每次到医院体检，都超重，医生说要锻炼锻炼。但是他爷爷奶奶都爱抱着，就这样还怎么锻炼？

　　宝宝从 7 个月大开始会爬，到现在都快 1 岁了，还是在爬，也不知道他什么时候才能学会走路。每天我只要一回到家里，就会特意把孩子从他爷爷奶奶那里抱过来，训练他走路。然而每次都是老样子，爬的时候还好，只要一扶着床沿或是沙发站起来，就身体摇摆，仿佛两条小腿承受不住胖墩墩的身子的重量，没支持一会儿，就一个屁股蹲坐了下去。要是看见我在旁边，一准儿大哭，然后倍儿委屈地看着我。有一次我偷偷地藏在一边，观察他学走路——当然是将他放在柔软一些的泡沫地板上，就算摔着也不疼。他摔倒后，也只是咧了咧嘴，然后没看见我，就那么坐在地上不起来了，玩手玩脚，真是让人又好气又好笑。算了，能走一两步我就知足了，先让他减肥再学走路吧。

儿科专家的话

1岁左右的宝宝在熟练掌握了爬行技巧后，会不满足于只是爬行看世界，他会抓住一切机会让自己站起来。刚开始站立时，宝宝坐下的动作还不协调，有可能会摔倒。爸爸妈妈最好在地面上做好保护措施，也要教宝宝如何由站立到坐下，宝宝妈妈要给宝宝示范如何弯曲膝盖，让身体慢慢降低直到坐到地板上。宝宝觉得自己能站稳后，就会扶着东西走几步；慢慢地宝宝平衡能力提高了，他会自己放开手，摇晃着走几步。大部分的宝宝会在几天内从蹒跚学步变成以相当自信的步伐前进。爸爸妈妈不必担心，宝宝的每一项技能都是经由循序渐进的练习来掌握的。

孩子有主见了，妈妈得用智

萌宝小卡

昵称：聪聪

性别：男

年龄：11 个月

出生体重：3.2kg

宝妈小卡

姓名：聪聪妈

职业：程序设计员

年龄：30 岁

分娩方式：顺产

焦虑指数：★ ★

焦虑关键词： 哭闹　调皮

7 月 11 日，聪聪满 11 个月啦。好快啊，再过一个月就一周岁了呢。

7 月 8 日那天去打疫苗，顺便称了一下体重，11kg。身高没量，个子看着蛮高的。看网上说满 11 个月大的男宝宝的体重是 7.9 ~ 12kg。聪聪的身高体重还是蛮标准的。

11 个月大的聪聪越来越有主见了，每次出去玩，想上哪儿玩，都是他说了算。他的记性很好，去过一次的地方就会记得，下次还要去，而且爱串门玩，到了喜欢的人家门口就往里蹭，不和他一起去还哭着不肯离开。呵呵，总上人家家里去玩去闹，就快要讨人嫌了吧？

11 个月大的聪聪是越发调皮了，昨晚一起出去吃饭，和姨姨家的小妹妹比，聪聪就太皮了，一会儿也不闲着。小妹妹是个安静的孩子，抱着时很老实，可聪聪呢爬上爬下，就算嘴里吃着东西也不安稳一会儿，一个劲儿地去够筷子拿盘子，光顾着聪聪了我都没吃饱。今天同事还在说我儿子可真调皮。是啊，男孩子嘛，皮就皮吧。

11 个月大的娃本该爬得很溜很溜的吧？可聪聪呢压根儿就没学会真正的爬行。聪聪是这样爬的，手和脚着地，把屁股撅得老高，爬两下就想着自己站起来，站不起来就又翻滚着坐下来，估计会走路了也学不会用膝盖爬行。

每次聪聪在学步车里待那么几分钟，就开始"撒野"，横冲直撞专门去够那些平时不让他拿的东西，比如垃圾桶，总是趁我们不注意一定要拿到手。为了安全和卫生，在聪聪进学步车前先要清场子才行，他总是对那些平时不能动的东西格外感兴趣。

儿科专家的话

在宝宝学爬行开始，有些家长就使用学步车，实际上，学步车并不像它的名字那样能帮助宝宝练习走路，反而会打消宝宝走路的欲望。因为学步车可以很轻松地把宝宝带到远处。更加不好的是，学步车有很大的安全隐患，易导致宝宝摔倒受伤。文中的宝宝 11 个月大还爬得不够好，爸爸妈妈要耐心地教他学会爬，而不是跨过爬行阶段让他直接学走路。另外，这个年龄段的宝宝在练习精细动作、语言方面都会有很大进步，对什么东西都会充满好奇，注意力却不会长时间地停留在一处，玩的时候也会动个不停。

亲近大自然的顾虑

焦虑指数：★ ★ ★

焦虑关键词：户外活动　空气质量

　　我们家乐宝每天可闹腾了，巴不得有人带他出去玩。现在他刚满 11 个月，正好赶上夏末秋初，每天早晚不太冷也不太热的时候，会带着出去就在小区附近溜达一圈。所以每天吃过早饭，他就开始盼着出门了。通常是要我或者他奶奶抱着，然后身子就朝大门口倒，意思是往那边走。这个时候我就赶紧拿起背包放在他的婴儿车下面的兜兜里。里面有奶瓶子，装着温开水，还有给他磨牙的小饼干，再就是两片备用的尿不湿、遮阳帽、小薄毯。

　　住在城市里很不好的是，就算是早晨，空气质量也算不上好。早晨七点多钟，路上的人和车已经开始多了起来。我们不敢出小区，大马路上马达轰鸣，喇叭声刺耳，刹车声也是千奇百怪。之前有一次，我用婴儿车推着他去小区外买早点，就发现喇叭声猛地响起，乐宝浑身一激灵；马路上车辆一过，宝宝就使劲揉眼睛，看来是灰尘迷眼了。我就只好将他抱着，一手推车，快步离开。

不过，就算外面有些吵闹，乐宝还是喜欢出去玩，一出门，他就浑身都是劲儿，撅着小屁股在那里蹦啊蹦的，不用双手把住他还真的抱不稳。然后他还会左摇右晃，看见什么感兴趣的东西了，就扭着身子使劲瞧，等我们走过去了，他还会扭转身子伸长脖子瞧，也不管抱他的妈妈或是奶奶抱不抱得稳，身体往后倒。这个时候，抱他的人就吃亏了，胳膊酸疼就不说了，还会被他每每玩杂耍的动作吓出一身冷汗来。

现在他大了，很不喜欢用婴儿背带，大约是觉得束缚吧。每当用婴儿背带时，他就开始挣扎，不耐烦地哼哼。没办法，只好抱着。但是胖小子越来越沉，抱他出去玩一圈还真的是个力气活。

儿科专家的话

1岁左右的宝宝，运动能力和语言认知能力都有了一定的进步，并逐渐开始发展他的社交能力。这时他已经不满足只在家里玩耍了，每天都需要去户外活动。爸爸妈妈可以在天气、空气状况允许的情况下带宝宝外出，但要做好防晒工作，给宝宝穿透气吸汗的衣服。夏天紫外线强时尽量在上午10点前和下午4点后再出门，给宝宝戴上宽檐帽以及宝宝太阳镜，涂抹防晒霜。如果出汗多，也应该及时给宝宝换衣服，让他多喝水。

打挺的小"大力士"

萌宝小卡

昵称：宝宝

性别：女

年龄：11个月

出生体重：3.6kg

宝妈小卡

姓名：宝妈

职业：全职主妇

年龄：30岁

分娩方式：顺产

焦虑指数：★★

焦虑关键词： 把屎把尿　闹觉　哭闹

　　11个月大的宝宝脾气也大了，尤其是现在对让人给她把屎把尿不耐烦，整个身子向上打挺，成了一张弓，如果还是强制地把，她就立刻哭闹起来。尤其是现在大了，不容易抱稳，她一打挺，还真的有可能翻出去！

　　虽然以前宝宝睡觉也有各种问题，闹觉啊，睡得晚啊，睡眠时间少啊，可是大体来说都算正常。最近几天，她天天晚上9点睡下，到12点左右，总有几次会突然手脚乱动，号啕大哭，撕心裂肺的那种哭，身体弯着，我把她抱起来，她就使劲打挺、拼命哭，好不容易哄好，将她放下让她继续睡，结果又哭醒，明明看她困得不得了，却总要这样反复好几次。我自己是不怕辛苦的，大不了陪着她，多抱起几次哄着。可是孩子这样哭，真的让我很担心：会不会是哪里不舒服啊？感觉她是突然什么地方很痛，就像痛醒了一样。然而到了白天，她吃喝拉撒都正常，也很爱笑。一到晚上就不对了。也不知道是不是我们之前带她出去玩得多了，她受到的刺激太大了的缘故。

儿科专家的话

首先，文中的妈妈坚持要给宝宝把尿把屎是不对的，一是对宝宝身体的发育有害，二是过早把尿把屎并不能提前让宝宝掌握如厕技能。大多数的宝宝在 1 岁左右能安睡一整晚。也有的宝宝会在夜晚哭闹，有可能是需要得到妈妈更多的关注，但也可能是肠痉挛导致。在宝宝哭闹很剧烈时，可以将他抱起来安抚，一但他安静下来，就应该把他放回床上，拍拍他，哼哼熟悉的曲子来安慰他。总之爸爸妈妈不要生气，坚持培养他夜晚安睡的习惯，有助于保证妈妈和宝宝的睡眠质量。

试探妈妈的底线

萌宝小卡

昵称：宝宝

性别：男

年龄：11 个月

出生体重：4.0kg

宝妈小卡

姓名：宝妈

职业：市场营销

年龄：32 岁

分娩方式：顺产

焦虑指数：★ ★ ★

焦虑关键词：黏人　哭闹

　　现在儿子已经 11 个月大了，黏我的状态没有一点儿改变，甚至更严重了。虽然他 4 个月大的时候，我去上班，家里请了一个保姆，因为我怕睡眠不好影响工作，孩子也跟着保姆睡。除此以外，只要我在家的时间，孩子一律是我带。洗澡、换衣服、洗屁股、换尿布，全是我做。我现在几乎推掉了下班后的所有应酬，一下班就赶命似的赶回家。一回家他就黏上我了，保姆都没事做。甚至我去上厕所他都不许，除非把他带着。

　　陪他玩我觉得我也是很用心的，根本没有机会干一点点自己的事。陪他搭积木、玩玩具，给他唱歌、跳舞、讲故事……现在甚至发展到他不许我接电话、打电话的地步。一看见我接电话他就在旁边哭啊闹啊的，直到把我的手机抢过去，放到一边再过来拉我的手，让我陪他玩去。看到奶奶过来跟我说会儿话，聊两句他就过去打奶奶，不准她说了，总之就是要我陪他一个人玩。别人要来陪他玩也可以，但是我不准离开，一离开马上就追过来"妈妈、妈妈"地喊。每个周末我都变着法子地带他到处去玩、去长见识，出门也只要我一个人抱。30斤的胖小子了，我太累了。如果他爸见我太累了强行把他抱过去，说"爸爸抱一会儿吧"，他就哭得那个惨啊，跟我抛弃了他似的，我只有赶紧抱回来。

说实话，我自认为在同龄人里，我算是对孩子很有耐心、脾气也很好的了。他爸爸就总说我惯他，所以他才黏我。上次过年大家一起吃个饭，开始他在旁边玩得不错，过一会儿就不行了，非要拉我，让我去陪他，平时我是马上放下筷子跟他走。他爸就说，你不理他不就完了。那天我试验了一下，看不理他他会怎么着，结果小家伙大哭不止，他爸说别理他，哭会儿就好了，我就强忍着心疼，心想试试看。结果小家伙那个可怜啊，看着我，抢我的筷子使劲拉我，鼻涕口水全出来了，最后嗓子都哑了，我差点儿就跟着哭了，赶紧把他抱起来走了，后悔死了。后来我陪他玩，跟他讲道理，说妈妈肚子饿得不行了，没力气跟你玩了，妈妈需要吃饭，吃了饭还会跟你玩，妈妈最爱你，最喜欢跟你玩了。没想到说着说着他就同意了，让我去吃饭。

后来我自己一分析，平时他要个危险的东西、要多看会儿电视什么的我不答应，他就撒泼大哭，我不理他，他基本倒地哭个两三声就算了，然后起来了。但是他在要求我陪他的时候却不一样了，不是不理他就可以奏效的，反而会让他觉得我不爱他了。他这是在索求母爱而不是别的玩具什么的，所以不应该同样对待。而且他有一个优点，就是我每天早上起来他黏我寸步不离，但是只要我穿上衣服说"妈妈要去上班了，等妈妈下班回来再陪你玩"，他就会立马懂事地跟我做再见、飞吻的手势，然后自己去找爷爷或者保姆玩了。

儿科专家的话

　　有些爸爸妈妈会担心，在宝宝 8 个月到 1 岁，给予他过多的关注可能会宠坏他。其实这个担心是没有必要的，这时的宝宝还很单纯，不会向父母提出额外要求，在他哭闹的时候，可能并不是故意要得到什么，而是他确实有需要。当然，越往后，宝宝哭的时候所表达的含义会慢慢变得复杂，爸爸妈妈也要通过揣摩、领会宝宝的哭声所表达的不同需求，从而做出恰当的反应，并要让宝宝逐渐理解，爸爸妈妈只会对他真正需要关注的情况做出回应。

说普通话的妈妈，说外星语的宝宝

萌宝小卡

昵称：宝宝

性别：男

年龄：1 岁

出生体重：3.8kg

宝妈小卡

姓名：宝妈

职业：全职主妇

年龄：28 岁

分娩方式：顺产

焦虑指数：★★

焦虑关键词： 开口说话　舌系带手术

宝宝 7 个月大的时候就会叫爸和妈了，单字儿蹦，最最让我嫉妒的是，他居然先叫"爸"，那天他爸爸下班回来，他突然叫"爸——"尾音拖得长长的，他爸爸乐得抱着他到处炫耀。

但是，宝宝逐渐长大，我发觉他越来越懒得开口了，不管怎么逗他，就是不肯开口，最多望着你咧着嘴笑，就看着你在那里绞尽脑汁、抓耳挠腮，频频做鬼脸，他稳稳地坐着看着你，带着含义深远的笑看着你！真是人小鬼大，让人哭笑不得。

现在他满 10 个月，因为他一直不怎么爱说话，我总是担心他的语言能力会受到影响，到时候说话晚，智力也会受到影响。听我们同事说，她家孩子也是说话晚，不爱叫人，2岁了还不会说连贯的话。带去看医生，医生说要做舌系带手术。她还特地到市医院去给孩子做了一个舌系带手术。不过她家孩子之后也没什么改善，也不知道是不是做手术太晚的缘故。

我家的这位，简直就是个小酷哥，让他说话就不说。我每天对着他长篇大论地说，拿着带有注音的童话书，给他字正腔圆地读童话，就是盼望他能多学一点儿发音，早些开口说话。当然，他也会给点儿反应，但还是一个字一个字地蹦。让他说的时候不说，过了一会儿，冷不丁地蹦一个字，似是而非的音。我是越看越着急，不知道是不是要带他去做舌系带手术。

不过，今天我把他放婴儿床上，我去做饭回来，发现他一个人坐在床上，嘴里念念有词："嗒、噗、阿噗阿噗，呀呀喂喂……"一连串的外星语，我又惊又喜，也不敢立刻进去打断他，赶紧掏出手机录视频。就听他一人在那里像煞有介事地摔打着摇铃，连续说了5分钟才停歇！这下，可算让我安心了！宝宝不是不会说话，是不屑于跟他的二货爸妈说啊！

儿科专家的话

宝宝从4个月大开始就会留意爸爸妈妈讲话的方式，并开始关注爸爸妈妈发出的每个音节，宝宝还自己尝试发声，最初是哭，然后咿呀学语，这时宝宝的声音会时高时低；六七个月后，爸爸妈妈在宝宝语言发育方面的参与变得更加重要，这时宝宝会积极模仿爸爸妈妈说话的声音；到1岁左右，宝宝已经能理解大人说的很多词语的含义，并开始用这些词语表达他的需要。爸爸妈妈在这个时期要多读书给宝宝听或者是多和他说话交流。不同的宝宝开始说清晰可辨的词语的年龄是有很大差别的，爸爸妈妈对宝宝的话语表达回应得越多，宝宝就会越受到鼓励，愿意积极地去练习说话。

左撇子，右撇子

萌宝小卡

昵称：宝宝

性别：女

年龄：11 个月

出生体重：3.1kg

宝妈小卡

姓名：宝妈

职业：平面设计

年龄：29 岁

分娩方式：顺产

焦虑指数：★ ★ ★

焦虑关键词：左撇子　训练纠正

　　丫头总是习惯用左手，要给她个什么东西，她总是用左手来抓，感觉她左手比右手灵活，真担心她以后会是个左撇子。之前，在宝宝满 100 天的时候，每次给她玩具，她都是左手能拿得动。把她翻过身来让她趴着，她也是左手撑着把头仰起来，右手就跟不会用劲一样。这种情形是不是表明她天生就是个左撇子呢？

　　我在网上查了好多资料，说什么的都有，说宝宝是左撇子还是右撇子，都不要紧，可以通过训练纠正过来。我们也照着做了，发现宝宝还是习惯用左手来抓握。将她左手压制下来，只许她用右手，她就开始挣扎，然后就会哭起来。我们只好放开，看来这个是不太好纠正的。也有人说左撇子的人更聪明，人的大脑两个半球分别交叉管控着身体左右两边，右脑感性，左脑理性，要是按照这种说法，我家宝宝如果是左撇子的话，那就是情商会高一些吧？还有人说左撇子还是右撇子，都是遗传的，没法儿纠正。

但是我把这个情况跟爸爸妈妈一说，他们却坚决表示要从小就纠正过来。因为在我们家乡也不知道是怎么流传下来的，说是惯于用左手拿筷子，是没有教养的表现；要是用左手写字，那更是会被看作是极大的恶习。我烦透了，也不知道该怎么去纠正，宝宝才 11 个月大，告诉她，她也听不懂；强迫她改正，她根本就不配合。要怎么才能把她习惯用左手的毛病纠正过来呢？

儿科专家的话

如果宝宝习惯用左手，爸爸妈妈也不需要强行去纠正，迫使她改变。因为到现在为止，并没有证据表明左撇子和右撇子在智商和情商方面哪个更有优势，大多数人会觉得左撇子不舒服、别扭，只是因为受社会普遍价值观的影响罢了。

PART 14

宝宝满一岁啦

妈妈紧箍咒

- 宝宝早就会爬了，满1岁了更是淘气，在家里到处"探险"。
- 她打开抽屉，看见什么都往嘴巴里放，有一次居然把弹簧刀抓了出来。
- 越看越不顺眼，好好的孩子，跟耍猴一样养吗？
- 这个时候，想要让他叫人，简直能把人急死。
- 宝宝不愿意开口说话，要是缺乏练习的话，以后会不会语言能力发展缓慢？
- 不好好吃辅食，喂到嘴巴里也被她用小舌头给顶出来。
- 原以为她满了一周岁我就能轻松一些，就算不轻松，也能睡一个整夜觉啊。
- 如果断奶的话，晚上宝宝哭了就没什么可哄的方法了。

小小的模仿大师

萌宝小卡

昵称：宝宝

性别：女

年龄：1 岁

出生体重：3.8kg

宝妈小卡

姓名：宝妈

职业：培训讲师

年龄：30 岁

分娩方式：顺产

焦虑指数： ★ ★

焦虑关键词： 淘气　翻箱倒柜　室内危险

　　不知不觉，一年的时间就过去了，宝宝 1 岁了！老人们都说满 1 岁的宝宝变化更大，以后一天一个样。我们家宝宝在老家过的生日。在这边，小孩子周岁生日是件大事，一个人从出生到百日宴、周岁宴、十岁宴都是大事，办了这三件大事，才算是真正迈入人生真正的门槛了。

　　宝宝早就能爬，满 1 岁了更是淘气，家里是木地板，不冷不热的天气，正好让她在地上到处爬，去"探宝"。地柜、床角、桌子角，只要是尖锐的地方，我都包上了防护套，所以也就放心让她折腾了。不用说，只要是她够得着的抽屉和小柜子，都被她翻遍了，好几次都险象环生。她打开抽屉，看见什么都往嘴巴里放，有一次居然把弹簧刀抓了出来，还学着大人的样子使劲划拉，吓死我了！要是我手慢一些让她划到自己身上，那弹簧刀突出来的一点点锋刃肯定会割伤她。

7 个月大的时候我就发现她喜欢模仿大人的一举一动，只不过那个时候她还不会这样满屋子爬，还没觉得麻烦。现在可不得了，厨房是铁定要进出关门的，要不然她肯定会爬进去打开橱柜。还有垃圾桶，她也是一把拽过来，也不管里面有什么，都能伸手进去抓。如果这个时候制止她，表示生气，她就咯咯地笑，然后嘴巴里还呀呀地说着外星语，模仿我说话的声音。真是拿她没有办法。

儿科专家的话

宝宝既是模仿大师，又是探险家，他会很积极地模仿爸爸妈妈的日常行为，这个时候，在保证宝宝安全的情况下，就让他发挥天性，自由地去探索世界吧。当然，这个时候一定要注意看护好他，提前做好家里的安全防护工作，同时也要注意卫生，如上文中提到的垃圾桶就不要放在宝宝够得着的地方了。只要保证了安全和卫生，就尽量不要在宝宝探索世界的时候阻止他。

乐此不疲地玩表情互动游戏

萌宝小卡

昵称：宝宝

性别：男

年龄：1岁半

出生体重：4.2kg

宝妈小卡

姓名：宝妈

职业：项目经理

年龄：33岁

分娩方式：剖宫产

焦虑指数：★★

焦虑关键词：表情丰富　变脸游戏

　　宝宝现在说话还不利索，但是表情可丰富了，简直就是表情帝，而且是会即兴表演的那种。5个月大的时候，姥姥过来带他，每天除了照顾他吃喝拉撒，就是一老一小乐此不疲地玩表情游戏。这不，他们又开始了！姥姥说："来，宝宝，开心乐一个！"宝贝听了，立刻咧嘴呵呵大笑，如果他姥姥不说下一个表情，他就有可能一直这么"呵呵"乐下去，表情十分夸张。

　　姥姥又说："宝宝，做丑（做鬼脸）哦！"然后宝宝果断变脸，眯着眼睛，缩着鼻翼，嘴巴一噘一噘的，要哭不哭的可怜样，简直萌翻人。还有表示生气的瞪眼哼哼，表示伤心的假哭（真的是假哭，没有眼泪，还一边哭一边观察大人的反应）。

　　一次两次的觉得还挺有趣的，但是我发觉，每次逗宝宝变脸，旁边人的笑声就会成为一种鼓励，然后宝宝就会自觉不自觉地重复这种表情变换游戏。有时候带他出去遛弯，要是身边有人，他自己就会开启"变脸"模式。别人看得莫名其妙，那表情简直像在说："这小孩怎么了，是不是有毛病？"

　　但是宝宝的姥姥却觉得宝宝会做出丰富的表情是值得高兴和炫耀的事情，每天都会逗上一会儿。我越看越不顺眼，好好的孩子，跟耍猴一样养吗？为这事，我说了妈妈一通，结果弄得我们都不愉快。

儿科专家的话

　　宝宝是天生的模仿家，自七八个月开始，宝宝开始模仿爸爸妈妈的发音以及一些简单的动作。直到1岁左右，宝宝会积极回应大人要求的语言和动作。比如让宝宝笑、做鬼脸等，这样其实是强化宝宝通过模仿所学习到的表情和语言。哭泣对宝宝的情感发育也是有一定帮助的，所以妈妈不需要太紧张，也不需要迫切地加以阻拦。

吝啬的蹦字儿宝宝

焦虑指数：★ ★

焦虑关键词：开口说话　个性

　　6 个月大的时候，宝宝无意中开口喊了"妈"，后来又会叫"爸爸"，就让我们激动了一阵子。等到 9 个多月大时，宝宝已经能很清晰地发出"爸爸""妈妈""奶奶"的音了。然而，这个时候，要让他叫人，简直能把人急死。他只是望着你笑，不管你怎么逗他，他就是不出声。那种笑笑的样子，就好像说，你们继续逗吧，我才不上当呢。一天下来，他就自己玩自己的，顶多不耐烦的时候哼哼几声，或是尖叫几声，就是不开口给你说一个字儿。愁死人了，现在都 1 岁了，还是这么个脾气。他要是缺乏练习的话，以后会不会语言能力发展缓慢？

　　我买来各种各样的幼儿图册，有那种立体的，有识数的，还有识字的。只要在家，一有时间，我就和宝宝玩看图识字游戏，发现他的记忆力还是很好的。10 以内的数字，教他几次，然后问："宝宝，2 在哪里啊？"宝宝回头四处找了找，然后就抓了纸牌过来。看来宝宝心中明白得很，但他为什么就是不愿意开口说话呢？

　　查了许多资料，也翻了很多育儿百科书，都没有具体提到这种孩子不愿意开口说话该怎么办。当然也有说这是因为每个孩子都有自己的个性。但是这个说法也太笼统了，我心里还是不安。语言是要多练习的，他这么沉默，以后怎么办？还有，会不会因此而产生什么心理疾病呢？

儿科专家的话

　　1 岁大的宝宝，已经能够明白妈妈对他所说的话的含义了，但是宝宝还不会准确地表达出来，因为他掌握的口语词汇还不够多，爸爸妈妈要积极地与宝宝在语言表达上进行互动，宝宝的语言能力才会得到锻炼提高。不过不同的宝宝对语言表达的学习程度是有很大差异的，有些宝宝要等到两岁以后才会掌握一些词汇，才能较为清晰地表达，只要宝宝身体健康，爸爸妈妈就不需要过于担心这个时候的宝宝表达能力的发展。

吃米饭的新挑战

焦虑指数：★★

焦虑关键词： 添加辅食　 吃米饭　 吃夜奶

　　宝宝上面长了 4 颗牙，下面长了 2 颗牙，还有两颗冒了个米粒大的头。面条什么的，她现在已经能很利索地用她的小牙切断了。宝她奶从她开始吃辅食起就开始有意识地喂她一些米粒，然后就看见她小嘴瘪啊瘪的，也没见米粒被她嚼碎，就那么囫囵吞了。然后，拉的也是囫囵个儿的米粒。但是宝宝奶奶说要早点儿让她习惯米饭，还是坚持不懈地在吃饭时候喂她一些米饭。但这些终究是辅食，当不了正餐。

　　宝宝 1 岁断奶，现在断奶两个月了，更多的时候是玩米饭，根本不是正经吃。她看见我们吃饭，嘴巴也模仿着动动，等喂给她发现米饭没什么味道，她也就不耐烦了，后来连辅食也不老实吃了，吃几口就不肯再吃，拿小手去抓勺子，或者去抓碗。喂到嘴巴里也被她用小舌头给顶出来。要是她饿了，就指奶瓶要喝牛奶，或者干脆爬过去抓住奶瓶子的小把手，然后就往我们手里塞，嘴巴里嚷嚷："奶！奶！"表示她饿了要吃奶。她每顿喝180ml，一罐奶粉喝得飞快。她半夜还要起来喝两奶瓶子的牛奶，折磨死我了。原以为她满了一周岁我就能轻松一些，就算不轻松，也能睡一个整夜觉啊。现在看来，这个愿望泡汤了。

儿科专家的话

　　给1岁左右的宝宝添加辅食，原则是要由少量到适量、由稀到稠，由单一种类到多种类。最初添加的辅食应该是米糊，再逐渐添加稀粥、面条，文中提到的奶奶这个时候就给宝宝喂成人吃的米饭，其实是不妥的。

新增了难度的哄入睡

焦虑指数：★ ★ ★

焦虑关键词：断奶　夜奶　哭闹

　　宝宝满 1 岁了，可是还是没彻底断奶。因为他之前习惯吃夜奶，正好母乳喂养，这样一来，晚上不用起来，只要他醒了哼哼，我就给他吃，迷迷糊糊的还算能睡个整夜觉。现在如果打算断奶的话，那晚上就没什么可哄的方法了。

　　但是，现在宝宝大了，越来越不好哄了，他不仅要吃夜奶，还想含着奶头睡觉。有时候看他闭着眼睛睡着了，嘴巴也不再吮吸，我就轻轻地把奶头扯出来，没想到一感受到往外拉扯的力，他一惊，立刻又快速吮吸起来。几次来回拉锯战，折腾一个多小时他还睡不安稳。有时候我烦了，管他醒不醒，就直接扯出奶头不给他吃。这下可捅了马蜂窝，臭小子睁开眼睛，就算还有点儿迷糊，也还记得要抗议，哼哼出声，手舞足蹈地表达他的不满。我实在是不想理他，想着反正他也瞌睡了，刚还差点儿睡着了呢，没准儿一会儿累了他自己就睡着了。当然，最主要的原因是我自己已经很累了。迷迷瞪瞪快睡着的时候，儿子哇哇大哭起来。他现在可会察言观色了，见我不理会立刻出绝招！老公明天还要上班，肯定不能让孩子这么哭下去。坚持到最后，还是我先妥协，吃吧、吃吧，想吃多久就吃多久！

戒夜奶！我做熊猫做够了！

儿科专家的话

　　宝宝 8 个月大的时候，晚上应该能连续睡 10 ～ 12 小时，不需要半夜起来喝奶。文中的宝宝养成了含着奶头睡觉的习惯，需要妈妈耐心地帮助他纠正，而不是一味地迁就宝宝，培养宝宝良好的睡眠习惯能促进宝宝的身体健康成长。

PART 15

宝宝一岁到一岁半

妈妈心情表情帝版
——新手妈妈毕业了

妈妈紧箍咒

🌸 发现宝宝走路时，左腿有点儿向内侧倾斜，问了医生，医生说让补钙。

🌸 宝宝最近很黏我，就算是我去洗手间，他也狂哭不止。

🌸 我没有想到，只是离开 20 多分钟就能让宝宝的心理受到这么大的伤害。

🌸 再也不敢大意，我每隔一会儿就要去看他，让他知道妈妈一直在家。

🌸 宝宝终于能颤颤巍巍地走几步了，我的心里是满满的自豪和感动。

O 型腿和 X 型腿

焦虑指数：★★★★

焦虑关键词：补钙　　O 型腿　　X 型腿

　　我家宝宝现在 1 岁多了，她 9 个多月大的时候就会走路了。刚开始走的时候也没发现她的腿有什么问题，等到她满 1 岁的时候，发现她走路时，左腿有点儿向内侧倾斜。问了医生，医生说让补钙。我们也照着做了。等到孩子 14 个月左右，发现她的情况更严重了，左腿都有点儿打弯了。去医院给她查了微量元素，结果显示什么也不缺，医生也没说让治疗。但是现在宝宝都一岁半了，我发现她的左腿弯得很明显，右腿也有点儿弯，总的看起来，就跟一个 X 一样。不知道别人家的孩子会不会也是这样。

　　老人们说这是孩子的腿还没吃上劲儿，要多吃，可能也得像医生说的那样要多补钙，才能正常直立行走。我仍然是不放心，想必只要是当妈的，看见孩子走路姿势那么别扭，心中都不会舒服。晚上睡觉时，特意用长围巾将她的小腿绑得笔直笔直的，觉得这样她的骨头应该就不会长歪了吧。宝宝睡着了还好，如果醒了，他就使劲挣扎，挣不开就大声哭，一直到把我哭醒给她解开围巾才好。就算是这样，我也不想放弃，现在受点儿苦，总比将来成为 O 型腿或是 X 型腿好。

儿科专家的话

　　宝宝在六七个月大时开始学习爬行，9 个月或 10 个月大时学习站立。这几个月中，宝宝每天爬行的时间要有 3 ~ 4 个小时，爬行有利于锻炼、提高宝宝的身体协调能力，促进大脑皮层运动中枢的发育。正常情况下，宝宝在 10 个月大以前，身体骨骼发育还不完善，容易变形；同时肌肉的力量不够，过早地练习走路会导致全身的重量都压在双脚上，导致下肢的畸形。如果宝宝因为过早练习走路已经导致下肢畸形，就应该向骨科医生咨询是否需要矫正，而不是自行进行绑腿治疗。

宝贝，我们一起战胜恐惧

昵称：宝宝

性别：男

年龄：13 个月

出生体重：4.5kg

姓名：宝妈

职业：全职主妇

年龄：31 岁

分娩方式：剖宫产

焦虑指数：★ ★ ★

焦虑关键词：黏人　哭闹　惊吓

宝宝最近很黏我，就算是我去洗手间，他也狂哭不止。说起来这都是我的错。几天前，因为他睡着了，我就将他放到小床上，想着去楼下小超市买些面条上来，不过十来分钟，觉得没关系。回来的路上又遇见了以前关系好的邻居，说了几句话，也就二十来分钟的样子。

一打开门，就听见宝宝哭得声嘶力竭，吓得我赶紧冲进房里，发现他已经翻坐起来扒着床栏杆，哭得小脸都发紫了。当时把我心疼的呀，赶紧一边哄着一边过去将他抱了起来。宝宝见到我，终于好了一些，但是之前哭得太厉害，还是忍不住在打嗝。最让人揪心的是，他用双手牢牢抱住我的脖子，好像生怕我又突然消失了一样。

这就是吓着了，我心里清楚，所以这几天宝宝黏我也很迁就他。宝他爸回来后听说了也责备了我一通。最让我后悔的是，宝宝晚上睡觉的时候，居然还会突然大哭醒来。我没有想到，只是离开二十多分钟就能让宝宝心理受到这么大的伤害。

是我粗心大意了，现在我也只能尽量多陪着宝宝，告诉他妈妈一直在他身边，不会离开他。等到他情绪放松的时候，我就开始跟他玩躲猫猫的游戏，一开始就在他眼前，用枕头挡住脸，然后拿开，再挡住，再拿开。逗得宝宝咯咯笑。接下来就是拓展训练了。我跑到门口，躲在门框后跟他玩，再然后是跑到客厅……直到有一天，我将他放在卧室小床上玩玩具，自己在厨房做饭。他终于可以不用跟着我了。这让我松了一口气。当然我再也不敢大意，每隔一会儿就要去看他一眼，让他知道妈妈一直在家。

儿科专家的话

宝宝在 10 个月左右时会表现得更加黏妈妈。当妈妈离开他的视线，宝宝会觉得很不安。这种情况通常在 10 ~ 18 个月时达到顶峰，在两岁前消失。文中的妈妈将睡着的宝宝独自留在家里自己离开，这样一旦宝宝醒来发现妈妈不在身边，他会有很大的不安和恐惧。消除他这个时候所产生的心理恐惧，上面那个妈妈循序渐进的办法是可取的。

快乐地吃饭"种饭"

萌宝小卡

昵称：琪宝

性别：男

年龄：15 个月

出生体重：3.6kg

宝妈小卡

姓名：琪琪妈

职业：办公室文员

年龄：29 岁

分娩方式：顺产

焦虑指数：★ ★

焦虑关键词： 添加奶粉　喂饭

9 个月大的时候，我们家琪宝就断奶了。据说母乳到了宝宝 6 个月以后就没什么营养了，加上我休完产假还要回去上班。虽然也用挤奶器挤奶存放在冰箱，但终究没有孩子吃得干净，一直都胀胀的，乳汁也越来越少。等他满 1 岁的时候，我已经回奶了。没有办法，只好给他吃配方奶。2 段的奶粉一买就是一箱。琪宝长得壮实，吃得也多，一罐奶粉一个星期就没了。宝他奶说 1 岁多的孩子要学着吃饭了。于是我弄了一个小碗，将米饭蒸得软软的，拌上放了少许盐的蒸蛋或是菜汤，就成了小家伙的主食了。

但是给琪宝喂饭却成了一项大工程，我白天去上班了，见不到。晚上的时候，一家人吃饭，我和宝他爸、宝他奶总得匀出一个人来专门给他喂饭。别以为他会乖乖让你喂，现在他爬得利索，也能站起来颤颤巍巍地走几步，基本上我们都是要追着他喂，哄着他吃。逗得他心情好了，瞅准时机，赶紧送一勺子米饭到他嘴里。问题来了，琪宝吃米饭也跟喝奶似的，舌头往外推，这下可好，送进去一勺子米饭，至少要漏掉半勺子。每次给他喂饭，除了要讲究眼快手快——将他推出嘴巴外的米饭重新填回去，还得满屋子收拾饭粒。宝他奶奶笑说她大孙子是在"种饭"呢。

等好不容易把琪宝喂完了，桌上的饭菜也已经凉得差不多了，喂饭的人只能自己随便对付几口。我喂了几次饭，也是心有余悸，自己吃半冷不热的饭菜倒没什么，只是我是个急性子，看宝宝吃饭这么费力，还浪费一大半，真正吃到肚子里的没有多少，就忍不住着急：这样营养跟得上吗？孩子能长得好吗？如今，我也只能自己安慰自己，幸好还有奶粉搭配着。但是孩子要是再大一些呢？奶粉的营养也是有限的，米饭又不好好吃，这以后该怎么办？

儿科专家的话

宝宝1岁以后要培养他良好的进食习惯，在和大人同时进餐时，把宝宝放入宝宝餐椅内固定，不要把他放在地上，在后面追赶着喂饭。大人可以在喂食的同时给宝宝用小碗装好食物让他自己模仿着吃饭，不要怕弄脏餐桌和地面。只有不停地锻炼他自己动手的能力，才能培养宝宝良好的进食习惯。

一起走走，一起谈谈

焦虑指数：★ ★ ★

焦虑关键词： 学习走路　亲子交流

　　宝宝终于能颤颤巍巍地走几步了，虽然走得不稳当，看得周围的人战战兢兢的，但她终于靠自己的力量独立行走了不是？第一次当妈，摸爬滚打一年半的艰辛就不必提了，现在看她终于会走路了，心里是满满的自豪和感动。

　　一直以来，我都很反对那种把孩子当作什么也不懂，用哄的方式来跟她交流。因为宝宝是那么聪明，生下来第三天就会笑出声来，还总是用灵动的大眼睛看着你，我相信她都能听明白；就算一时不会说，但她心里肯定是明白的。因此，我从来不会用那种幼稚的、嗲得掉鸡皮疙瘩的腔调和宝宝说话。每次要跟宝宝说什么，我总是把她当作一个明白事理的大人，而且还尽量告诉她这样做的理由。

当然，也有可能是我家宝宝比较乖巧，她从来没有任性地哭闹过。但我一直坚持这样做的好处也是很明显的。现在跟她交流，就一个要点：讲道理。不管是我还是她，都得讲道理。讲道理的时候，我一定会注视着她的眼睛，不管她听不听得懂，但我想通过这种心灵的交流让她明白我的心意。

儿科专家的话

在宝宝 1 岁左右咿呀学语时期，爸爸妈妈要多和宝宝进行语言交流，可以一起看绘本，给宝宝讲故事，不过要避免用儿语和宝宝交流，也不要突然大声说话来吸引他的注意；说话时要尽量放慢语速，吐字要清晰，尽量用简单的字词和短句来表达。教他认知物体时，要用准确的名称，为孩子提供良好的语言学习环境，这样可以帮助宝宝减少学说话的过程中的混乱。

图书在版编目（CIP）数据

新手妈妈也疯狂 / 妈妈圈主编 .
-- 北京：光明日报出版社 , 2015.12
　ISBN 978-7-5112-9839-3

　Ⅰ . ①新… Ⅱ . ①妈… Ⅲ . ①婴幼儿—哺育—基本知识
Ⅳ . ① TS976.31

　中国版本图书馆 CIP 数据核字 (2015) 第 310357 号

新手妈妈也疯狂

主　　编：妈妈圈

责任编辑：庄　宁　　　　　　　　　　策　　划：紫图图书ZITO®
责任校对：张　翀　　　　　　　　　　装帧设计：紫图图书ZITO®
责任印制：曹　净

出版发行：光明日报出版社

地　　址：北京市东城区珠市口东大街 5 号，100062

电　　话：010-67078250（咨询），67078870（发行），67078235（邮购）

传　　真：010-67078227，67078255

网　　址：http://book.gmw.cn

E-mail：gmcbs@gmw.cn　zhuangning@gmw.cn

法律顾问：北京德恒律师事务所龚柳方律师

印　　刷：北京嘉业印刷厂

装　　订：北京嘉业印刷厂

本书如有破损、缺页、装订错误，请与本社联系调换

开　　本：720×1000 毫米　1/16

字　　数：140 千字　　　　　　　　　印　　张：19

版　　次：2016 年 1 月第 1 版　　　　印　　次：2016 年 1 月第 1 次印刷

书　　号：ISBN 978-7-5112-9839-3

定　　价：42.00 元